火电企业污染物自行监测

技术研究

华北电力科学研究院有限责任公司 / 组织编写
周子龙　等 / 编著

中国环境出版集团 · 北京

图书在版编目（CIP）数据

火电企业污染物自行监测技术研究 / 华北电力科学研究院有限责任公司组织编写 ; 周子龙等编著. -- 北京 : 中国环境出版集团，2025. 2. -- ISBN 978-7-5111-6043-0

Ⅰ. X773

中国国家版本馆 CIP 数据核字第 2024B32U1 号

责任编辑 侯华华
封面设计 宋 瑞

出版发行 中国环境出版集团
（100062 北京市东城区广渠门内大街 16 号）
网 址：http://www.cesp.com.cn
电子邮箱：bjgl@cesp.com.cn
联系电话：010-67112765（编辑管理部）
发行热线：010-67125803，010-67113405（传真）

印 刷 北京中科印刷有限公司
经 销 各地新华书店
版 次 2025 年 2 月第 1 版
印 次 2025 年 2 月第 1 次印刷
开 本 787×1092 1/16
印 张 14
字 数 225 千字
定 价 112.00 元

编委会

主　任：周子龙

副主任：吴华成　李　朋　李　超

编　委：白孝轩　丁立萍　王　锐　苏　行　窦　研

杨　锐　胡远翔　王熙俊　张洪江　韩舒淇

前 言

火力发电行业作为能源供应的重要支柱，在推动社会经济发展的同时，也造成了一定的环境污染。为了实现可持续发展，加强对火力发电企业（以下简称火电企业）污染物排放的监测和管理显得尤为重要。本书旨在为火电企业提供科学、系统的污染物自行监测技术和方法，以满足国家生态环境法规的要求，同时本书也可作为企业履行社会责任、提升环境管理水平的重要参考。

本书的编写依据《中华人民共和国环境保护法》《中华人民共和国大气污染防治法》《中华人民共和国水污染防治法》等相关法律法规，以及《排污单位自行监测技术指南　火力发电及锅炉》（HJ 820—2017）等标准，确保内容的合法性和实用性。

此外，本书不仅注重基础理论的阐述，更强调技术的实践应用，通过分析火电企业在污染物监测方面的主要技术和方法，为火电企业在生产运行阶段对其排放的水污染物、大气污染物、固体废物、噪声以及对周边环境的影响开展监测提供了详细指导。

最后，我们对参与本书编写的专家、学者以及所有支持本书出版的机构和个人表示感谢。同时，期望本书能够为火电企业的污染物自行监测工作提供有益的指导和帮助，为保护环境、实现绿色发展贡献力量。

目　录

第 1 章　火电企业污染物排放和环境影响/1

1.1　引言/1
1.2　大气污染物/1
1.3　废水/2
1.4　固体废物/3
1.5　噪声/4

第 2 章　火电企业污染物自行监测概况/6

2.1　开展污染物自行监测的目的及重要性/6
2.2　自行监测的法规要求/8
2.3　火电企业自行监测的一般要求/10
2.4　自行监测的常用方法和技术/12
2.5　火电企业自行监测存在的主要问题/15

第 3 章　自行监测方案的编制/16

3.1　编制自行监测方案的目的及意义/16
3.2　自行监测方案的编制步骤/18

第 4 章 废水自行监测/25

4.1 废水自行监测一般要求/25
4.2 废水排放口设置要求/26
4.3 废水手动监测/27
4.4 废水自动监测/30

第 5 章 废气排放监测/32

5.1 废气排放监测一般要求/32
5.2 有组织排放监测/33
5.3 无组织排放监测/37

第 6 章 厂界噪声监测/39

6.1 厂界噪声排放自行监测依据/39
6.2 火电企业噪声排放情况/39
6.3 厂界噪声监测技术/40
6.4 自动监测系统与应用/43

第 7 章 周边环境自行监测/45

7.1 周边环境质量影响监测/45
7.2 地下水监测/46
7.3 土壤监测/48

第 8 章 监测质量保证与质量控制/51

8.1 质量体系/51
8.2 监测机构/51

8.3　监测人员/52
8.4　监测设施和环境/53
8.5　监测仪器设备和实验试剂/54
8.6　监测方法技术能力验证/55
8.7　监测质量控制/56
8.8　监测质量保证/57

第 9 章　信息记录与报告/59

9.1　监测信息记录/59
9.2　信息报告/65
9.3　应急报告/67
9.4　信息公开/68

参考文献/70

附　录/76

附录 1　排污单位自行监测技术指南　总则（HJ 819—2017）/ 76
附录 2　火电厂大气污染物排放标准（GB 13223—2011）/ 92
附录 3　污水综合排放标准（GB 8978—1996）/ 100
附录 4　固定污染源排气中颗粒物测定与气态污染物采样方法（GB/T 16157—1996）修改单/ 127
附录 5　地表水和污水监测技术规范（HJ/T 91—2002）/ 128
附录 6　排污单位自行监测技术指南　火力发电及锅炉（HJ 820—2017）/ 200
附录 7　环境噪声自动监测系统技术要求（HJ 907—2017）/ 207

第1章 火电企业污染物排放和环境影响

1.1 引言

火电企业作为我国能源结构中的重要组成部分，长期以来在国民经济中发挥着举足轻重的作用。然而，在火力发电过程中产生的排放物和污染物对环境造成了严重影响，如不加以控制和治理，将严重制约我国生态环境保护和可持续发展的进程。

火电企业在发电过程中产生的排放物主要包括颗粒物、二氧化硫、氮氧化物、二氧化碳、汞及其化合物、废水、灰渣、脱硫石膏、废矿物油等。我国在火电厂大气污染物排放标准的制订和实施方面取得了显著进展，《火电厂大气污染物排放标准》（GB 13223—2011）的实施以及超低排放改造技术的推进，使火电厂的污染物排放得到了有效控制。未来，火电企业在二氧化碳控制、常规大气污染物进一步减排、非常规污染物控制等方面仍面临挑战。

1.2 大气污染物

火电企业作为能源生产的重要单位，其运行过程会产生多种大气污染物，这些污染物对环境造成了显著影响。火电企业产生的主要大气污染物及其对环境的影响见表 1-1。

表 1-1 火电企业产生的主要大气污染物及其对环境的影响

序号	污染物	来源	环境影响
1	氮氧化物（NO_x）	在高温燃烧过程中，氮气与氧气反应生成 NO_x，其中 NO 和 NO_2 是主要形态	具有很强的氧化性和腐蚀性，对人体健康有害（如导致呼吸系统疾病和中枢神经损害），是光化学烟雾和酸雨的重要前体物，对植物和土壤生态环境造成严重影响
2	二氧化硫（SO_2）	由燃煤和燃油中的硫分在高温燃烧过程中氧化产生	大气污染物的主要成分之一，可形成酸雨，对植物、土壤和水体造成损害，影响建筑物的外观和使用寿命
3	颗粒物（PM）	主要由燃煤过程中产生的飞灰和炭黑组成，还包括脱硫过程中产生的粉尘	大气污染物的重要来源之一，可导致空气质量下降，影响能见度，加重灰霾现象。细颗粒物（$PM_{2.5}$）可渗入人体肺部，增加呼吸系统疾病风险
4	一氧化碳（CO）	燃料不完全燃烧时产生	无色、无味、有毒的气体，与血红蛋白结合会降低血液的携氧能力，导致组织缺氧
5	二氧化碳（CO_2）	化石燃料燃烧时产生	温室气体，对全球气候变化产生重要影响，加剧全球变暖
6	重金属	燃煤中含有的汞、铅、镉等重金属在燃烧过程中释放	重金属可通过大气沉降进入土壤和水体，通过食物链累积，对生态系统和人类健康构成长期威胁

1.3 废水

废水主要来源于火力发电厂的生产过程、设备冷却、化学处理等。废水具有化学成分复杂、浓度高等特点，如不经过处理直接排放，将对水环境造成严重污染。为了减少对水环境的污染，火电企业需要建立完善的废水处理系统，对冷却水和工业废水等进行预处理与深度处理，确保水质符合国家或地方相关标准的要求。同时，火电企业还需要对废水处理设施的出水进行实时监测，确保废水处理效果达标。

火电企业主要废水种类及其特性、典型处理工艺见表 1-2。

表 1-2　火电企业主要废水种类及其特性、典型处理工艺

序号	废水种类	特性	典型处理工艺
1	工业废水	包括冷却水排水、酸碱再生废水等，成分复杂，含有悬浮物、油、有机物等	混凝沉淀、过滤、生化处理等
2	脱硫废水	含有高浓度的悬浮物、重金属、COD 等，水质波动大	石灰中和、絮凝沉淀、澄清、深度过滤等
3	含油废水	含有大量重油，污染严重	隔油、气浮、吸附等
4	含煤废水	高浊度废水，含有煤尘和细颗粒物	沉淀、絮凝、过滤等
5	生活污水	含有生活废料和人体的排泄物，有大量适合微生物生存的有机物	生物处理(如活性污泥法)、消毒等
6	酸碱废水	来自化学水处理系统的酸碱再生，具有强酸性或碱性	中和、沉淀、过滤等
7	锅炉清洗废水	含有清洗剂和锅炉污垢	中和、絮凝、沉淀等
8	冷却塔排污废水	含有冷却过程中的生物积累物和化学物质	混凝沉淀、过滤等

1.4　固体废物

1.4.1　一般固体废物

火电企业在生产过程中，特别是煤炭燃烧和灰渣处理环节，会产生大量的固体废物，主要包括煤渣、粉煤灰、脱硫石膏以及锅炉底部灰渣等。随着火电企业规模的扩大和煤炭消耗量的增加，固体废物的产生量也在逐年上升。

这些废物如果处理不当，不仅会占用大量土地，还会对土壤和地下水造成污染。同时，固体废物还可能含有重金属等有害物质，对环境和人体健康构成潜在威胁。为了减少固体废物的污染，火电企业需要采取有效的处理措施，如将煤渣和粉煤灰进行综合利用，制作建筑材料等。同时，火电企业还需建立完善的固体废物管理制度，对固体废物的产生、贮存、运输和处置等环节进行规范管理，确保固体废物的安全处理。

1.4.2 危险废物

火电企业在生产过程中会产生多种危险废物，这些废物若未得到妥善处理，可能会对环境和人类健康造成严重影响。火电企业危险废物主要包括以下 7 种。

①废脱硝催化剂：用于燃烧系统的脱硝过程，主要成分是二氧化钛、五氧化二钒、三氧化钨、三氧化钼等，属于 HW50（废催化剂）*。

②废变压器油：产生于电气系统的维护过程，含有多环芳烃、苯系物等有毒物质，属于 HW08（废矿物油与含矿物油废物）。

③废矿物油及其桶：用于设备润滑等过程，主要成分包括石油烃、多环芳烃等有毒有害物质，且易燃。废矿物油桶在盛装新油时属于 HW08（废矿物油与含矿物油废物），而在盛装废油时则属于 HW49（其他废物）。

④废棉纱、废含油抹布：产生于设备维修过程，若分类收集，则属于 HW49（其他废物）。

⑤废铅蓄电池：产生于直流用电设备的检修过程，含有硫酸、铅、砷等多种有毒物质，属于 HW31（含铅废物）。

⑥废酸液：产生于锅炉的清洗过程，含有钝化剂、缓释剂、游离酸与其他溶解性物质，属于 HW34（废酸）。

⑦油泥（废油渣）：产生于储油罐、燃油罐的检修清理过程，含有苯系物、酚类等有毒、易燃物质，属于 HW08（废矿物油与含矿物油废物）。

1.5 噪声

火电企业的噪声来源复杂多样，主要可以归纳为以下 4 类。

①机械性噪声：机械设备运转、振动、摩擦、撞击等产生的噪声。在火电企业中，煤磨机、风机、各类水泵等是主要的机械性噪声源。这些设备在高速运转时会产生较大的振动和撞击声，产生机械性噪声。

②电磁性噪声：电磁场交变运动产生的噪声。在火电企业中，发电机、励磁机、变压器等电气设备在运行时，由于电磁场的相互作用，会产生电磁性噪声。

③空气动力性噪声：气体流动产生的噪声。火电企业中的风机、空压机和锅

* 来源于《国家危险废物名录（2025 年版）》，下同。

炉等设备在运行时，气体的高速流动会产生强烈的噪声，这类噪声即空气动力性噪声。

④其他噪声：除了上述 3 类主要噪声，火电企业还可能产生其他噪声，如冷却塔的淋水声、运输车辆的行驶声、工人活动产生的社会噪声等。

第2章 火电企业污染物自行监测概况

2.1 开展污染物自行监测的目的及重要性

2.1.1 自行监测的含义

随着全球环境问题的日益严峻，各国政府和国际组织对环境保护的重视程度不断提高。我国作为世界上最大的发展中国家，面临经济发展与环境保护的双重压力。为了有效控制污染物排放，改善环境质量，我国政府出台了一系列生态环境法律法规和政策措施，自行监测制度就是其中的重要组成部分。

自行监测，是指排污单位为了掌握自身污染物排放状况及其对周边环境质量的影响，依据相关法律法规和技术规范，自主开展的环境监测活动。在火电企业这一特定行业中，自行监测不仅是企业履行环境保护责任的具体体现，也是确保污染物达标排放、保障生态环境安全的重要手段。

2.1.2 自行监测的目的及意义

自行监测的主要目的有以下 4 个方面。

①掌握污染物排放状况：通过自行监测，火电企业可以实时了解自身污染物排放情况，包括废气、废水、噪声等污染物的种类、浓度、排放量等关键信息。

②评估污染治理效果：自行监测可以反映污染治理设施的运行状况和处理效果，有助于火电企业及时发现并解决污染治理过程中存在的问题。

③满足环境管理要求：按照排污许可证和相关环境管理要求开展自行监测，是火电企业履行环保责任、接受环境监管的必然要求。

④实现环境信息公开：自行监测数据是环境信息公开的重要内容之一。通过公开自行监测数据，火电企业可以接受社会监督，提升企业环保形象。

自行监测对火电企业乃至整个生态环境保护工作具有重要意义，主要体现在以下 4 个方面。

①促进污染物减排：通过自行监测，火电企业可以及时发现污染物超标排放问题，采取有效措施进行整改，从而促进污染物减排目标的实现。

②提升环境管理水平：自行监测要求火电企业建立健全环境监测体系，完善监测管理制度和流程，提升环境管理水平。

③保障生态环境安全：自行监测有助于火电企业掌握自身对周边环境质量的影响情况，及时采取措施减轻或消除不良影响，保障生态环境安全。

④推动绿色发展：自行监测是火电企业实现绿色发展的重要手段之一。通过自行监测，火电企业可以了解自身在环保方面的优势和不足，有针对性地制订绿色发展策略，推动企业转型升级。

2.1.3　自行监测的重要性

火电企业自行监测的重要性主要体现在以下 4 个方面。

（1）遵守法律法规

火电企业自行监测要遵守国家法律法规和相关标准的要求。《中华人民共和国环境保护法》和《中华人民共和国大气污染防治法》等法律法规明确规定火电企业应当自行监测排放的废气、废水和噪声等污染物，以确保污染物排放符合相关标准要求。通过自行监测，火电企业可以确保自身运营符合法律法规的要求，避免因违规排放而受到处罚。

（2）提升环境管理能力

火电企业自行监测可以提升企业的环境管理能力。通过对污染物排放进行监测，火电企业可以更加准确地了解自身的环境管理情况，为环境管理提供更加科学和可靠的数据支持。同时，火电企业可以及时发现潜在的环境问题，采取相应的措施加以解决，减少对环境的影响。

（3）优化生产过程

通过对排放物进行监测，火电企业可以更加准确地了解自身的能源消耗和废弃物的排放情况，为生产过程的优化提供数据支持。

（4）提升企业形象和增强社会责任感

随着公众环保意识的增强，企业的环保行为受到越来越多的关注。火电企业通过自行监测并向公众公开监测数据，可以展示其对环保的重视和承担社会责任的决心，提升企业的形象和信誉度。同时，公开监测数据便于企业接受公众的监督和反馈，有利于企业及时发现和解决潜在的问题。

2.2 自行监测的法规要求

2.2.1 法律法规依据

（1）国家环境保护相关法律

《中华人民共和国环境保护法》《中华人民共和国水污染防治法》《中华人民共和国大气污染防治法》等法律法规为自行监测提供了法律依据。重点排污单位开展排污状况自行监测是法定的责任和义务。

《中华人民共和国环境保护法》作为环境保护领域的基本法，规定了企业和个人保护环境的基本责任与义务，为自行监测方案的编制提供了总体的法律框架。第四十二条明确提出“重点排污单位应当按照国家有关规定和监测规范安装使用监测设备，保证监测设备正常运行，保存原始监测记录”；第五十五条要求“重点排污单位应当如实向社会公开其主要污染物的名称、排放方式、排放浓度和总量、超标排放情况，以及防治污染设施的建设和运行情况，接受社会监督”。

《中华人民共和国大气污染防治法》《中华人民共和国水污染防治法》等专项法律针对不同环境介质的污染防治提出了具体要求。对于自行监测而言，《中华人民共和国大气污染防治法》规定向大气排放污染物的单位必须按照规定设置大气污染物排放口并进行监测；《中华人民共和国水污染防治法》则要求重点排污单位应当安装水污染物排放自动监测设备，与生态环境主管部门的监控设备联网等，这些都是编制自行监测方案的重要法律依据。

（2）地方环境保护法规

地方根据国家法律结合本地实际情况制定法规。不同地区的环境状况、产业结构和发展水平存在差异，地方环境保护法规可以对国家法律进行细化和补充。在编制适用于本地区企业的自行监测方案时必须遵循地方环境保护法规。

2.2.2　标准规范依据

（1）规章制度

2021 年国务院印发《排污许可管理条例》，明确了由企业“自证守法”。排污单位应按照排污许可证规定和有关标准、规范，依法开展自行监测，并保存原始监测记录。原始监测记录保存期限不得少于 5 年。排污单位应当对自行监测数据的真实性、准确性负责，不得篡改、伪造。2018 年环境保护部发布的《排污许可管理办法（试行）》，明确了自行监测要求是排污许可证重要的载明事项。

（2）生态环境质量标准

《环境空气质量标准》（GB 3095—2012）、《地表水环境质量标准》（GB 3838—2002）等标准规定了环境中各种污染物的浓度限值，这是判断环境质量是否达标的依据。在编制自行监测方案时，企业需要根据所在区域适用的环境质量标准，确定其对周边环境影响的监测指标。

（3）污染物排放标准

国家污染物排放标准包括《污水综合排放标准》（GB 8978—1996）、《大气污染物综合排放标准》（GB 16297—1996）等，这些标准对各类污染物的排放浓度、排放速率等作出了规定。企业在编制自行监测方案时，应依据自身所属行业及排放污染物的种类，按照相应的排放标准确定排放口的监测指标。

行业污染物排放标准：不同行业因其生产工艺和污染物排放特征的差异，制定了专门的行业排放标准。行业排放标准对特定行业的污染排放监测提出了更具针对性的要求，企业需根据其所属行业的排放标准来编制详细的自行监测方案。

（4）生态环境监测标准和技术规范

环境保护部陆续发布了《排污单位自行监测技术指南　总则》（HJ 819—2017）和针对各行业排污单位自行监测技术指南系列标准，对排污单位自行监测工作进行了详细指导和规范。针对火力发电这一重点排污行业，环境保护部专门制定了《排污单位自行监测技术指南　火力发电及锅炉》（HJ 820—2017），为火电企业自行监测工作提供了更具针对性的指导。这些生态环境标准对于支撑排污许可申请与核发，规范企业自证守法行为具有重要意义。

《固定污染源排气中颗粒物测定与气态污染物采样方法》（GB/T 16157—1996）、《地表水和污水监测技术规范》（HJ/T 91—2002）等标准和技术规范详细规定了各类污染物的采样方法、样品保存、分析测试方法、数据处理等方面的技术要求。在编制自行监测方案时，企业必须按照这些标准和技术规范来选择合适的监测方法和仪器设备，确保监测数据的准确性和可靠性。

2.2.3 其他依据

（1）企业自身的环境影响评价文件

在企业建设项目的环境影响评价过程中，环境影响报告书（表）及其批复对项目建成投产后可能产生的环境影响进行了预测和评估，并提出了相应的污染防治措施和监测计划。这些内容为企业编制自行监测方案提供了重要的参考依据。

（2）排污许可证

排污许可证是企业合法排污的凭证，其中规定了企业的污染物排放种类、浓度、总量控制指标、排放口位置等许可事项。企业编制自行监测方案应围绕排污许可证的要求展开，确保对许可排放的污染物进行全面监测。

2.3 火电企业自行监测的一般要求

2.3.1 火电企业自行监测的具体内容

火电企业应查清本单位的污染源、污染物指标及潜在的环境影响，制定监测方案，设置和维护监测设施，按照监测方案开展自行监测，做好质量保证和质量控制，记录和保存监测数据，依法向社会公开监测结果。火电企业自行监测的内容主要包括以下3个方面。

（1）污染物排放监测

火电企业应对其生产过程中排放的废气、废水、噪声等污染物进行定期或不定期的监测。废气排放监测主要包括二氧化硫（SO_2）、氮氧化物（NO_x）、颗粒物（PM）等污染物的监测；废水排放监测主要包括化学需氧量（COD）、氨氮（NH_3-N）、悬浮物（SS）等污染物的监测；噪声监测主要是针对火电企业厂界噪声进行监测。

监测点位的选择应根据火电企业的生产工艺、污染物排放特点以及环境管理要求等因素确定。监测频次和监测方法应按照相关法律法规、标准和技术规范的要求来确定。

（2）周边环境质量影响监测

火电企业还应对周边环境质量进行监测，以评估自身对周边环境的影响。监测内容主要包括对空气、地表水、地下水、土壤等环境要素的监测。监测点位的选择应覆盖火电企业周边可能受影响的区域，监测频次和监测方法应根据实际情况与环境管理要求确定。

（3）污染治理设施处理效果监测

火电企业应对污染治理设施的运行效果进行监测，以确保其正常发挥作用。监测内容主要包括对脱硫、脱硝、除尘等污染治理设施的进出口污染物浓度、处理效率等关键参数的监测。监测频次和监测方法应根据污染治理设施的运行情况与环境管理要求确定。

2.3.2　制定监测方案

火电企业应查清所有污染源，确定主要污染源及主要监测指标，制定监测方案。监测方案的主要内容包括单位基本情况、监测点位及示意图、监测指标、执行标准及其限值、监测频次、采样和样品保存方法、监测分析方法和仪器、质量保证与质量控制等。新建排污单位应在投入生产或使用并发生实际排污行为前，完成自行监测方案的编制及相关准备工作。

2.3.3　设置和维护监测设施

火电企业应按照规定设置满足开展监测所需要的监测设施。废水排放口、废气（采样）监测平台、监测断面和监测孔的设置应符合监测规范要求。监测平台应便于开展监测活动，并能确保监测人员的人身安全。

2.3.4　开展自行监测

火电企业应按照最新的监测方案开展监测工作，可根据自身条件和能力，利用自有人员、场所和设备自行监测；也可委托其他有资质的检（监）测机构代其开展自行监测。

持有排污许可证的企业自行监测年度报告内容可以在排污许可证年度执行报告中体现。

2.3.5 做好监测质量保证与质量控制

火电企业应建立自行监测质量管理制度，按照相关技术规范要求做好监测质量保证与质量控制。排污单位应建立并实施质量保证与控制措施方案，以自证自行监测数据的质量。排污单位应根据本单位自行监测的工作需求，设置监测机构，梳理监测方案制订、样品采集、样品分析、监测结果报出、样品留存、相关记录的保存等监测工作的各个环节。

为保证监测工作质量，应制订工作流程、管理措施与监督措施，建立自行监测质量体系。自行监测质量体系应包括对以下内容的具体描述：监测机构、人员、出具监测数据所需的仪器设备、监测辅助设施和实验室环境、监测方法技术能力验证、监测活动质量控制与质量保证等。委托其他有资质的检（监）测机构代其开展自行监测的，排污单位不用建立监测质量体系，但应对检（监）测机构的资质进行确认。

2.3.6 记录和保存监测数据

火电企业应做好与监测相关的数据记录，按规定对监测数据进行保存，并依据相关法规向社会公开监测结果。

2.4 自行监测的常用方法和技术

2.4.1 自行监测技术概况

自行监测技术包括手工监测和自动监测两种，火电企业可根据监测成本、监测指标以及监测频次等内容，选择合适的自行监测技术。对于相关管理规定要求采用自动监测的指标，应采用自动监测技术；对于监测频次高、自动监测技术成熟的监测指标，应优先选用自动监测技术；其他监测指标，可选用手工监测技术。

2.4.2 手工监测

2.4.2.1 手工监测概述

手工监测是火电企业自行监测的重要组成部分，主要通过人工操作的方式，对特定点位、特定时间段的污染物进行采样、分析，以获取污染物的浓度、排放量等关键数据。手工监测具有灵活性高、适应性强、成本低等优点，尤其适用于在线监测系统无法覆盖或需要特别关注的监测项目。

2.4.2.2　手工监测的流程

手工监测的流程一般包括监测计划制订、监测点位选择、采样方法确定、样品采集与保存、样品运输与交接、实验室分析、数据记录与处理等环节。每个环节都需要严格按照相关标准和规范进行操作，确保监测数据的准确性和可靠性。

2.4.2.3　手工监测的常用方法

（1）大气污染物手工监测

大气污染物手工监测主要采用吸收法、吸附法、燃烧法、比色法等传统化学分析方法，以及近年来兴起的激光散射法、红外光谱法等新型分析技术。监测项目主要包括二氧化硫（SO_2）、氮氧化物（NO_x）、颗粒物（PM）等。采样时，需要根据监测项目选择合适的采样设备和采样方法，确保样品的代表性和准确性。

（2）水污染物手工监测

水污染物手工监测主要关注火电企业废水处理设施出水口、雨水排放口以及周边地表水和地下水的水质状况。监测指标包括化学需氧量（COD）、氨氮、总磷、总氮、重金属等。采样时，需遵循相关标准和技术规范，确保样品的代表性和稳定性。实验室分析常采用分光光度法、原子吸收光谱法、离子色谱法等方法。

（3）固体废物手工监测

固体废物手工监测主要关注废渣、粉煤灰等固体废物的产生量、成分以及无害化处理效果。监测方法包括称重法、容积法、化学分析法等。通过定期监测固体废物的产生量和成分变化，可以评估火电企业固体废物管理的成效，为制订更科学的废物处理方案提供依据。

2.4.2.4　手工监测的质量控制

手工监测的质量控制是确保监测数据准确性和可靠性的关键。质量控制措施包括采样前的仪器校准、采样过程中的操作规范、样品保存与运输的严格控制、实验室分析的标准化操作、数据记录与处理的准确性检查等。此外，还应定期对监测人员进行培训和考核，以提高其专业技能和责任心。

2.4.3 自动监测

2.4.3.1 自动监测概述

自动监测是火电企业自行监测的另一种重要方式，其利用先进的在线监测设备和技术，实现对污染物排放的实时、连续监测。自动监测具有监测数据准确、及时、连续性强等优点，能够有效提高火电企业的环保管理水平。

2.4.3.2 自动监测系统的组成

自动监测系统一般由采样装置、预处理系统、分析仪器、数据采集与处理系统等组成。采样装置负责从烟道、废水排放口等处采集具有代表性的样品；预处理系统对样品进行除湿、除尘等处理；分析仪器利用光谱分析、电化学分析、质谱分析等技术对样品进行定量分析；数据采集与处理系统则负责将分析仪器的测量结果转化为数字信号并进行记录、处理、存储和传输。

2.4.3.3 自动监测的常用技术

（1）大气污染物自动监测技术

大气污染物自动监测技术主要采用非分散红外吸收法、紫外差分吸收光谱法、电化学传感器法等。这些技术能够实时监测烟气中的二氧化硫（SO_2）、氮氧化物（NO_x）、颗粒物（PM）等污染物的浓度。分析仪器可对样品进行连续分析，并将结果实时传输至数据中心进行处理和存储。

（2）水污染物自动监测技术

水污染物自动监测主要关注火电企业废水处理设施出水口、雨水排放口以及周边地表水和地下水的水质状况。常用的水污染物自动监测设备包括在线 COD 分析仪、氨氮分析仪、总磷总氮分析仪等。这些设备能够实时监测废水中的污染物浓度，并将数据传输至数据中心进行记录和分析。

（3）其他自动监测技术

除大气污染物和水污染物自动监测外，火电企业还可以根据实际需要采用其他自动监测技术，如噪声自动监测系统、振动自动监测系统等，这些系统能够实时监测火电企业运行过程中的噪声和振动情况，为评估火电企业的环境影响提供重要的数据支持。

2.5 火电企业自行监测存在的主要问题

对于不同排污单位来说，生产工艺的污染排放特点不同，各监测点位执行的排放标准、应控制的污染物指标也有所差异。虽然各种监测标准与技术规范从不同角度对排污单位的监测内容作出了规定，但是排污单位在开展自行监测过程中如何结合企业的具体情况合理确定监测点位、监测项目和监测频次等实际工作仍面临诸多疑问。同时，在对企业进行自行监测日常监督检查及现场检查时发现，部分排污单位自行监测方案的内容不合理，存在未包括全部排放口、监测点位设置不规范、监测项目仅包括主要污染物、监测频次设计不合理等问题，因此应加强对企业自行监测的指导和规范。

第3章

自行监测方案的编制

3.1 编制自行监测方案的目的及意义

3.1.1 编制原则

编制火电企业自行监测方案应依据《中华人民共和国环境保护法》、《中华人民共和国大气污染防治法》、《火电厂大气污染物排放标准》（GB 13223—2011）等法律法规和标准，结合火电企业的实际情况，制订科学、合理、可行的监测方案，并应遵循以下 4 个原则。

①科学性原则：监测方案应采用成熟的监测技术和方法，确保监测数据的准确性和可靠性。

②全面性原则：监测方案应覆盖火电企业的各污染物排放环节，污染物种类包括废气、废水、噪声等，要确保数据的全面性。

③可操作性原则：监测方案应考虑实际操作的可能性，合理安排监测时间和监测人员，确保监测工作的顺利进行。

④经济性原则：在满足监测要求的前提下，应选择成本效益较高的监测设备和方案，降低企业的监测成本。

3.1.2 编制目的及意义

火电企业作为重点污染排放源，需接受严格的生态环境保护法律法规监管。编制自行监测方案是满足国家和地方生态环境保护法律法规中对企业监测义务规定的必要条件，如不履行可能需要承担相关法律责任和受到相应的经济处罚。

生态环境质量标准和污染物排放标准不断更新与细化。无论是国家层面的《火电厂大气污染物排放标准》（GB 13223—2011）、《污水综合排放标准》（GB 8978—1996），还是地方层面更为严格的标准，都需要火电企业通过编制科学、合理的自行监测方案来确保对各类污染物（如烟尘、二氧化硫、氮氧化物等）的排放情况进行有效监控，以达到标准要求。

编制科学、合理的自行监测方案有助于火电企业减少其对周边环境的影响，保护生态环境。通过对大气污染物的监测和控制，可以降低酸雨、雾霾等环境问题的发生概率；对废水污染物的有效监测有利于防止水体污染，保护地表水、地下水等水资源，维护生态平衡。从长远来看，科学的自行监测方案可以帮助企业避免因超标排放而缴纳高额罚款，同时有助于企业合理分配环保资金的投入。例如，通过准确的监测数据可明确污染治理设施是否存在运行效率低下的问题，以便及时对设备进行维护或更新，既能降低运行成本，又能提高企业的经济效益，也可以树立火电企业良好的社会形象，增强公众对企业的信任。向社会公开污染物监测数据，展示企业在环境保护方面的努力和成果，有助于缓解企业与周边居民、环保组织等之间的矛盾，促进社会和谐稳定。

3.1.3　自行监测方案的主要内容

火电企业自行监测方案应包括以下 5 项主要内容。

①监测对象：明确需要监测的污染物种类和排放口，污染物种类包括废气、废水和噪声等。

②监测指标：确定需要监测的污染物指标，包括颗粒物、二氧化硫、氮氧化物、化学需氧量、悬浮物等。

③监测频率：确定监测频率和监测时间，即每天监测的次数和每次监测的时间。

④监测方法：选择合适的监测方法和仪器设备，内容包括采样位置、采样方法、分析方法等。

⑤数据记录和报告：确定数据记录和报告的形式，包括监测数据的记录表、日报、月报、年报等。

3.2 自行监测方案的编制步骤

3.2.1 明确监测目标与范围

3.2.1.1 确定监测目标

（1）合规性目标

确保火电企业的污染物排放符合国家和地方环保法律法规、污染物排放标准以及排污许可证的要求。例如，明确烟尘、二氧化硫、氮氧化物等大气污染物以及化学需氧量、氨氮等废水污染物的排放限值，并将这些限值作为监测的关键目标。

（2）环境管理目标

通过自行监测为火电企业的环境管理提供数据支持，以减少企业对周边环境的影响。例如，根据企业周边环境敏感点（如居民区、学校、医院等）的分布情况，确定大气污染物扩散范围和废水排放影响区域内的监测目标，以评估企业运营对周边环境质量的影响程度。

3.2.1.2 界定监测范围

（1）排放源识别的重要性

排放源识别是火电企业自行监测的首要步骤，直接关系后续监测方案的制订、监测点位的选择、监测频次的确定以及监测数据的解读。通过全面、准确地识别排放源，火电企业可以清晰地掌握自身污染物的产生和排放情况，为制定有针对性的污染控制措施提供科学依据。

（2）废气排放源的识别

1）锅炉排放源

锅炉是火电企业的主要废气排放源之一，在燃料燃烧过程中会产生大量的二氧化硫（SO_2）、氮氧化物（NO_x）、颗粒物（PM）等污染物。根据锅炉的类型（如煤粉炉、循环流化床锅炉等）、燃料种类（如煤炭、天然气等）以及燃烧方式的不同，废气排放特性也会有所差异。因此，在识别锅炉排放源时，需要充分考虑这些因素，并制订相应的监测方案。

2）烟气处理设施排放源

为了降低锅炉排放废气中的污染物浓度，火电企业通常会配备烟气脱硫、脱硝、除尘等处理设施。然而，这些处理设施在运行过程中也可能成为新的污染物排放源。例如，脱硫设施可能会产生石膏废水等二次污染物；脱硝设施可能会出现氨逃逸等问题；除尘设施则可能因效率下降而导致颗粒物排放量增加。因此，在识别排放源时，也应将烟气处理设施纳入考虑范围，并制订相应的监测计划。

3）其他废气排放源

除了锅炉和烟气处理设施，火电企业还可能存在其他废气排放源，如煤场扬尘、输煤皮带转运点粉尘、灰渣处理系统等。这些排放源虽然排放量较小，但如果不加以控制，也可能对周边环境造成不良影响。因此，在识别排放源时，应全面考虑火电企业的各生产环节和辅助设施，确保不遗漏任何潜在的排放源。

（3）废水排放源的识别

1）工业废水排放源

火电企业的工业废水主要包括循环冷却水排污水、化学水处理系统废水、锅炉排污水等。这些废水中的污染物种类和污染物浓度因来源不同而有所差异。在识别废水排放源时，应明确各类废水的产生量和污染物特性，为后续废水处理和监测提供依据。

2）生活污水排放源

火电企业的员工生活区会产生一定量的生活污水，这些污水如果不经处理直接排放，也会对周边环境造成污染。因此，在识别废水排放源时，也应将生活污水纳入考虑范围，并制定相应的处理措施和监测方案。

（4）噪声排放源的识别

火电企业的噪声主要来源于锅炉、汽轮机、发电机等设备的运转以及冷却塔、风机等辅助设施的运行。这些噪声源不仅会对厂区内的员工造成影响，还可能对周边居民的生活和工作环境产生干扰。在识别噪声排放源时，应明确各类噪声源的位置、声级和频谱特性，为制定噪声控制措施和监测方案提供依据。

（5）污染源范围及污染物种类范围

全面梳理火电企业的各类污染源（包括锅炉、汽轮发电机组、输煤系统、除灰渣系统、化学水处理系统等），明确污染源范围。例如，对于锅炉，需要监测其燃烧过程中产生的废气污染物；对于化学水处理系统，需要关注废水排放情况。

根据火电企业的生产工艺和污染排放特征，确定需要监测的污染物种类，除常规的大气污染物和废水污染物，还可能包括噪声、固体废物（如粉煤灰、炉渣等）及某些特殊污染物（如重金属、挥发性有机物等）。

3.2.2 收集相关资料

（1）法律法规和标准规范

收集国家和地方最新的环境保护法律法规（如《中华人民共和国环境保护法》《中华人民共和国大气污染防治法》《中华人民共和国水污染防治法》等）、生态环境质量标准［如《环境空气质量标准》（GB 3095—2012）、《地表水环境质量标准》（GB 3838—2002）］、污染物排放标准、环境监测技术规范［如《固定污染源排气中颗粒物测定与气态污染物采样方法》（GB/T 16157—1996）、《地表水和污水监测技术规范》（HJ/T 91—2002）］。这些资料是编制监测方案的基本依据，确保监测工作的合法性和科学性。

（2）企业内部资料

环境影响评价文件：获取企业建设项目的环境影响报告书（表）及其批复，了解企业在项目建设初期对环境影响的预测和评估情况，包括主要污染源、污染物种类、排放特征以及提出的污染防治措施和监测计划等信息。

排污许可证：详细分析排污许可证中规定的污染物排放种类、浓度限值、总量控制指标、排放口位置等许可事项，这些是确定监测指标和监测重点的关键依据。

生产工艺和设备资料：掌握企业的生产工艺流程、设备型号和运行参数等信息，分析各生产环节中污染物的产生机制和排放规律。例如，了解锅炉的燃烧方式、燃料种类、热效率等对大气污染物产生的影响，以及化学水处理工艺对废水污染物的影响。

3.2.3 确定监测指标

根据国家和地方的生态环境法律法规以及污染物排放标准，确定火电企业必须监测的基本指标。例如，按照《火电厂大气污染物排放标准》（GB 13223—2011），烟尘、二氧化硫、氮氧化物、汞及其化合物是火电企业大气污染物的基本监测指标；根据《污水综合排放标准》（GB 8978—1996），化学需氧量、氨氮、石油类、悬浮物等是废水监测的基本指标。

考虑火电企业的生产工艺特点、燃料种类、污染治理设施运行情况等，补充一些特殊的监测指标。例如，火电企业一般不需要进行雨水监测，可增加对雨水排放的监测。

根据企业周边的环境敏感点分布以及公众对环境问题的关注焦点，适当增加一些相关的监测指标。例如，企业周边有居民集中区的，可增加对噪声的监测；当地对大气环境中的细颗粒物（$PM_{2.5}$）关注度较高的，可将其作为重点监测指标之一。

3.2.4 选择监测方法和设备

（1）监测方法的选择

根据国家或行业监测技术规范以及污染物的性质，选择合适的监测方法，优先选择国家标准方法，确保监测数据的准确性和可比性。同时，也可以结合企业的实际情况（如监测频次要求、设备条件等），选择一些经过验证的快速检测方法或在线监测方法。

（2）监测设备的选择

根据选定的监测方法和监测指标，选择相应的监测设备。在选择监测设备时，要考虑设备的性能参数（如测量范围、精度、分辨率等），稳定性，可靠性以及维护成本等因素。同时，确保设备符合国家相关计量认证和质量标准的要求。

3.2.5 设计监测布点

在火电企业自行监测体系中，监测位置的选择是确保监测数据准确性、代表性和有效性的关键环节。科学、合理的监测位置能够真实地反映火电企业的污染物排放状况，为环境管理和决策提供可靠依据。不合理的监测位置可能导致监测结果失真，无法真实反映火电企业的排放状况，进而影响环境管理和决策的科学性。因此，在火电企业自行监测过程中，必须高度重视监测位置的选择，确保能够准确获取污染物排放的关键信息。

（1）监测位置选择的原则

代表性：监测位置应能够代表火电企业排放污染物的整体水平和特征。

可操作性：监测位置应便于监测设备的安装、维护和操作。

安全性：监测位置的选择应确保监测人员的人身安全和设备的安全运行。

法规符合性：监测位置的选择应符合国家和地方生态环境法规的要求。

（2）其他考虑因素

排放源特性：不同排放源的污染物种类、浓度和排放规律不同，监测位置的选择应充分考虑这些特性。

周边环境：监测位置的选择应考虑周边环境（如风向、地形、建筑物遮挡等）对监测结果的影响。

监测目的：监测目的不同，监测位置的选择也会有所差异。例如，生态环境管理部门可能更关注厂界周边的污染物排放情况，而火电企业自身可能更关注内部排放源的控制效果。

经济合理性：监测位置的选择应考虑经济成本，在满足监测需求的前提下尽可能降低监测成本。

（3）大气污染物监测布点

排放口监测布点：在火电企业的烟囱、烟道等大气污染物排放口设置监测点。根据排放口的形状、尺寸和污染物排放特性，按照监测技术规范确定采样点的数量和位置。

环境空气质量监测布点：在企业周边的环境敏感点以及污染物可能扩散影响的区域设置环境空气质量监测点，可以采用网格布点法、扇形布点法或功能区布点法等。

（4）废水污染物监测布点

废水总排放口监测布点：在企业废水处理系统的总排放口设置监测点，这是监测企业废水污染物排放总量和浓度的关键点位。

车间或处理设施排放口监测布点：对于一些产生高浓度废水的车间（如化学水处理车间）或废水处理过程中的中间处理设施的排放口，也需要设置监测点，以便及时发现废水处理过程中的污染问题。

（5）噪声监测布点

在火电企业的厂界四周以及主要噪声源（如冷却塔、发电机房等）周围按一定的间距设置噪声监测点。同时，在企业周边的环境敏感点（如居民住宅、学校等）附近也应设置噪声监测点，以评估企业噪声对周边环境的影响。

3.2.6 确定监测频次

根据国家和地方的生态环境法律法规、污染物排放标准以及监测技术规范的要求，确定基本的监测频次。确定各监测点位不同监测指标的监测频次应遵循以下 7 个原则：

①不应低于国家或地方发布的标准、规范性文件、规划、环境影响评价文件及其批复等明确规定的监测频次；

②主要排放口的监测频次高于非主要排放口的监测频次；

③主要监测指标的监测频次高于其他监测指标的监测频次；

④排向敏感地区的，应适当增加监测频次；

⑤排放状况波动大的，应适当增加监测频次；

⑥历史稳定达标状况较差的须增加监测频次，达标状况良好的可以适当降低监测频次；

⑦监测成本应与排污企业自身能力一致，尽量避免重复监测。

3.2.7 制定质量控制措施

（1）人员培训

对参与污染物自行监测的工作人员进行专业培训，培训内容包括监测技术、操作规范、数据处理等。确保工作人员具备相应的专业知识和技能，能够熟练操作监测设备、采集样品和数据分析。

（2）设备校准和维护

建立监测设备的校准和维护制度。定期对监测设备进行校准，确保设备的测量精度和准确性。同时，加强对监测设备的日常维护，及时发现设备故障并予以解决，确保设备的正常运行。

（3）样品采集和保存质量控制

制定严格的样品采集和保存规范。在样品采集过程中，按照监测技术规范的要求，选择合适的采样方法、采样设备和采样容器，确保样品的代表性和完整性。

（4）数据审核和验证

建立数据审核和验证机制。对监测数据进行严格的审核，包括对数据的逻辑性、合理性、准确性等方面的检查。同时，可以采用不同的监测方法或设备对同一污染物进行监测，以验证监测数据的准确性。

3.2.8 编写环境监测方案报告

（1）环境监测方案报告的内容结构

环境监测方案报告应包括以下主要内容：项目概述（介绍火电企业的基本情况、生产规模、主要污染源等），监测目标与范围，监测指标，监测方法和设备，监测布点，监测频次，质量控制措施以及预期的监测成果等。例如，在项目概述中，可以详细描述火电企业的装机容量、锅炉型号、燃料种类等信息；在预期的监测成果部分，可以通过监测为企业环境管理提供数据支持并对周边环境质量进行评估。

（2）环境监测方案报告的格式规范

按照国家或地方相关部门要求的格式编写环境监测方案报告。环境监测方案报告应条理清晰、文字简洁、数据准确，并配有必要的图表（如监测布点图、监测设备照片等）进行辅助说明。

第 4 章 废水自行监测

4.1 废水自行监测一般要求

火电企业废水自行监测涉及多个方面，包括监测点位的设置、监测指标的选择、监测方法的使用、质量保证措施的实施、监测数据的记录和报告、监测设施等。

监测点位的设置：对于燃煤、燃气和燃油等不同燃料类型的火电企业，废水监测点位通常设在企业废水排放口。

监测指标的选择：监测指标可能包括 pH、化学需氧量（COD）、氨氮、悬浮物、总磷、石油类、氟化物、硫化物、挥发酚和流量等，详见表 4-1。

表 4-1 废水监测指标及最低监测频次

锅炉或燃气轮机规模	燃料类型	监测点位	监测指标	最低监测频次[②]
涉单台 14 MW 或 20 t/h 及以上锅炉或燃气轮机的排污单位	燃煤	企业废水总排放口	pH、化学需氧量、氨氮、悬浮物、总磷[①]、石油类、氟化物、硫化物、挥发酚、溶解性总固体（全盐量）、流量	每月 1 次
		脱硫废水排放口	pH、总砷、总铅、总汞、总镉、流量	每月 1 次
	燃气	企业废水总排放口	pH、化学需氧量、氨氮、悬浮物、总磷[①]、溶解性总固体（全盐量）、流量	每季度 1 次
	燃油	企业废水总排放口	pH、化学需氧量、氨氮、悬浮物、总磷[①]、石油类、硫化物、溶解性总固体（全盐量）、流量	每月 1 次
		脱硫废水排放口	pH、总砷、总铅、总汞、总镉、流量	每月 1 次

锅炉或燃气轮机规模	燃料类型	监测点位	监测指标	最低监测频次②
涉单台 14 MW 或 20 t/h 及以上锅炉或燃气轮机的排污单位	所有	循环冷却水排放口	pH、化学需氧量、总磷、流量	每季度 1 次
		直流冷却水排放口	水温、流量	每日 1 次
			总余氯	冬、夏各监测 1 次
仅涉单台 14 MW 或 20 t/h 以下锅炉的排污单位	所有	企业废水总排放口	pH、化学需氧量、氨氮、悬浮物、流量	每年 1 次

注：①生活污水若不排入总排放口，可不测总磷。

②除脱硫废水外，废水与其他工业废水混合排放的，参照相关工业行业监测要求执行；脱硫废水不外排的，监测频次可按季度执行。

监测方法的使用：可以手工监测，也可以自动监测。手工监测涉及采样、样品运输和保存、分析方法等步骤，自动监测则使用自动分析仪或在线监测仪器进行。

质量保证措施的实施：监测过程中需要采取质量保证措施，包括实验室基础工作、实验用纯水要求、试剂和溶液的使用要求等。

监测数据的记录与报告：监测数据需要被记录和保存，并且按照规定进行报告。

监测设施：排污单位应设置并定期维护监测设施，确保监测数据的准确性和可靠性。

4.2　废水排放口设置要求

排放口应满足现场采样和流量测定的要求，原则上设在厂界内或厂界外不超过 10 m 的范围内。

污水排放管道或渠道监测断面应为矩形、圆形、梯形等规则形状。测流段水流应平直、稳定、有一定水位高度。使用暗管或暗渠排污的，需设置一段能满足采样条件和流量测量要求的明渠。

污水面在地面以下超过 1 m 的排放口，应配建取样台阶或梯架。监测平台面积应不小于 1 m^2，平台应设置不低于 1.2 m 的防护栏。

排放口应按照《环境保护图形标志——排放口（源）》（GB 15562.1—1995）的要

求设置明显标志，并加强日常管理和维护，确保监测人员的安全，经常进行排放口的清障、疏通工作；保证污水监测点位场所通风、照明正常；产生有毒有害气体的监测场所应设置强制通风系统，并安装相应的气体浓度安全报警装置。

经生态环境主管部门确认的排放口不得随意改动。因生产工艺或其他原因需变更排放口时，须按要求重新确认。

4.3　废水手动监测

4.3.1　采样器材

采样器材主要是指采样器具和样品容器。应按照监测项目所采用的分析方法的要求，准备合适的采样器材。采样器材的材质应具有较好的化学稳定性，在样品采集、样品贮存期内不会与水样发生物理化学反应，从而引起水样组分浓度的变化。

采样器具可选用聚乙烯、不锈钢、聚四氟乙烯等材质；样品容器可选用硬质玻璃、聚乙烯等材质。

采样器具内壁表面应光滑，易于清洗、处理。采样器具应有足够的强度，使用灵活、方便可靠，没有弯曲物干扰流速，尽可能减少旋塞和阀的数量。样品容器应具备合适的机械强度、密封性好，用于微生物检验的样品容器应能耐高温，并在灭菌温度下不释放或产生任何会抑制生物活动或导致生物死亡或促进生物生长的化学物质。

污水监测应配置专用采样器材，不能与地表水、地下水等环境样品的采样器材混用。其他容器的选择和准备工作按照《水质　样品的保存和管理技术规定》（HJ 493—2009）的相关规定执行。

4.3.2　现场采样

采集的水样应具有代表性，能反映污水的水质情况，满足水质分析的要求。水样采集的方式可为手工采样或自动采样，自动采样时所用的水质自动采样器应符合《水质自动采样器技术要求及检测方法》（HJ/T 372—2007）的相关要求。现场采样方法和注意事项按照《水质　采样技术指导》（HJ 494—2009）的相关规定执行。

4.3.3 采样频次

排污单位的排污许可证、相关污染物排放（控制）标准、环境影响评价文件及其审批意见、其他相关环境管理规定等对采样频次有规定的，按规定执行。

未明确采样频次的，按生产周期确定采样频次。生产周期在 8 h 以内的，采样时间间隔应不小于 2 h；生产周期大于 8 h 的，采样时间间隔应不小于 4 h；每个生产周期内采样频次应不少于 3 次。如无明显生产周期，稳定、连续生产，采样时间间隔应不小于 4 h，每个生产日内采样频次应不少于 3 次。排污单位间歇排放污水或排放污水的流量、浓度、污染物种类有明显变化的，应在排放周期内增加采样频次。雨水排放口有明显水流动时，可采集 1 个或多个瞬时水样。

为确认自行监测的采样频次，排污单位也可在正常生产条件下的一个生产周期内进行加密监测：周期在 8 h 以内的，每小时采 1 次样；周期大于 8 h 的，每 2 h 采 1 次样；但每个生产周期的采样次数不少于 3 次；采样的同时测定流量。

4.3.4 现场记录

现场记录应包含以下内容：监测目的、排污单位名称、气象条件、采样日期、采样时间、现场测试仪器型号与编号、采样点位、生产工况、污水处理设施处理工艺、污水处理设施运行情况、污水排放量及流量、现场测试项目及监测方法、水样感官指标的描述、采样项目、采样方式、样品编号、保存方法、采样人、复核人、排污单位人员及其他需要说明的有关事项等。

4.3.5 样品运输和保存

样品采集后应尽快送实验室分析，并根据监测项目所采用分析方法的要求确定样品的保存方法，确保在规定的保存期限内对样品进行分析测试。

根据采样点的地理位置和监测项目要求的样品保存期限，选用适当的运输方式。样品运输前应将容器的外（内）盖盖紧。装箱时应用泡沫塑料等减震材料分隔固定，以防破损。除防震、避免日光照射和低温运输外，还应防止沾污。

同一采样点的样品应尽量装在同一样品箱内，运输前应核对现场采样记录上的样品是否齐全，应有专人负责样品运输。水样的运输和保存按照《水质　样品的保存和管理技术规定》（HJ 493—2009）的相关规定执行。

4.3.6　监测项目与分析方法

排污单位的污水监测项目应按排污许可证、污染物排放（控制）标准、环境影响评价文件及其审批意见、其他相关环境管理规定等明确要求的污染控制项目来确定。根据水质实际情况及各标准的适用范围、检出限、准确度等选择适合的标准方法，按照国家标准、行业标准、其他水质分析标准的顺序选用分析方法，应优先选用污染物排放（控制）标准中规定的标准方法。各水质监测指标的分析方法及执行标准见表 4-2。

表 4-2　水质监测指标的分析方法及执行标准

监测指标	分析方法	执行标准
pH	玻璃电极法	GB 6920
悬浮物	重量法	GB 11901
COD	①重铬酸盐法	HJ 828
	②快速消解分光光度法	HJ/T 399
	③氯气校正法	HJ/T 70
石油类	①红外分光光度法	HJ 637
	②紫外分光光度法	HJ 970
氟化合物	①离子选择电极法	GB 7484
	②氟试剂分光光度法	HJ 488
	③茜素磺酸锆目视比色法	HJ 487
总砷	①二乙基二硫代氨基甲酸银分光光度法	GB 7485
	②硼氢化钾-硝酸银分光光度法	GB 11900
	③原子荧光法	HJ 694
硫化物	①亚甲基蓝分光光度法	HJ 1226
	②碘量法	HJ/T 60
挥发酚	①4-氨基安替比林分光光度法	HJ 503
	②流动注射-4-氨基安替比林分光光度法	HJ 825
氨氮	①纳氏试剂分光光度法	HJ 535
	②蒸馏-中和滴定法	HJ 537
水温	温度计或颠倒温度计测定法	GB 13195

监测指标	分析方法	执行标准
总铅	①原子吸收分光光度法	GB 7475
	②双硫腙分光光度法	GB 7470
	③电感耦合等离子体质谱法	HJ 700
	④电感耦合等离子体发射光谱法	HJ 776
总汞	①冷原子吸收分光光度法	HJ 597
	②冷原子荧光法	HJ/T 341
	③原子荧光法	HJ 694
	④高锰酸钾-过硫酸钾消解法　双硫腙分光光度法	GB 7469
总镉	①原子吸收分光光度法	GB 7475
	②双硫腙分光光度法	GB 7471
	③电感耦合等离子体质谱法	HJ 700
	④电感耦合等离子体发射光谱法	HJ 776
总磷	钼酸铵分光光度法	GB 11893
余氯	①*N*,*N*-二乙基对苯二胺（DPD）分光光度法	GB/T 5750.11
	②3,3′,5,5′-四甲基联苯胺比色法	GB/T 5750.11
	③*N*,*N*-二乙基-1,4-苯二胺滴定法	HJ 585
溶解性总固体	称重法	GB/T 5750.4

4.3.7　信息记录与数据处理

废水监测信息记录与数据处理方法按《地表水和污水监测技术规范》（HJ/T 91—2002）的规定执行。

4.4　废水自动监测

4.4.1　技术原理

废水自动监测基于现代传感器技术、自动控制技术和数据处理技术，对废水中的各项水质指标进行连续、实时在线监测。废水自动监测系统通常由传感器、数据采集与处理单元、显示与报警装置以及数据传输系统等部分组成。传感器负责检测废水中的特定成分或指标［如 pH、温度、浊度、化学需氧量（COD_{Cr}）、氨氮（NH_3-N）等］，数据采集与处理单元对传感器采集的数据进行处理和分析，得出水质指标的具体数值，并通过显示与报警装置实时显示监测结果，同时将数据通过网络传输至远程监控中心。

4.4.2　自动监测方法

可选用自动分析仪或在线监测仪器对废水中化学需氧量（COD_{Cr}）、pH、氨氮、总磷、温度等指标进行测量，仪器的技术要求应符合《化学需氧量（COD_{Cr}）水质在线自动监测仪技术要求及检测方法》（HJ 377—2019）、《pH 水质自动分析仪技术要求》（HJ/T 96—2003）、《氨氮水质在线自动监测仪技术要求及检测方法》（HJ 101—2019）、《总磷水质自动分析仪技术要求》（HJ/T 103—2003）的规定，仪器的安装、运行和管理应按《水污染源在线监测系统（COD_{Cr}、NH_3-N 等）安装技术规范》（HJ 353—2019）、《水污染源在线监测系统（COD_{Cr}、NH_3-N 等）验收技术规范》（HJ 354—2019）、《水污染源在线监测系统（COD_{Cr}、NH_3-N 等）运行技术规范》（HJ 355—2019）的规定执行。

4.4.3　应用实践

在火电企业废水处理系统中，废水自动监测系统被广泛设置在排放口、处理设施进出口等关键位置。通过安装在线监测设备，可以实现废水排放浓度的连续监测，以确保废水处理设施的稳定运行和达标排放。同时，自动监测系统还可以与火电企业的 DCS（分布式控制系统）或 SIS（厂级监控信息系统）集成，实现数据的集中管理和远程控制。此外，一些先进的自动监测系统还具备自动校准、故障自诊断等功能，提高了系统的可靠性和稳定性。

第 5 章
废气排放监测

5.1　废气排放监测一般要求

5.1.1　制定监测方案

依据国家和地方相关生态环境法律法规、排放标准［如《火电厂大气污染物排放标准》（GB 13223—2011）等］及行业自行监测技术指南［如《排污单位自行监测技术指南　火力发电及锅炉》（HJ 820—2017）等］，确定自行监测的目标，准确掌握企业大气污染物的排放状况，确保达标排放，同时为企业的环境管理提供数据支持。

5.1.2　确定监测内容

监测点位：根据火电企业的生产工艺和排污特点，确定合理的监测点位。一般来说，监测点位应设置在烟囱或烟道上，尽量靠近排放口，以准确反映污染物的排放情况。对于有多台机组或多个烟囱的企业，要根据实际情况分别设置监测点位。

监测因子：常见的监测因子包括二氧化硫（SO_2）、氮氧化物（NO_x）、颗粒物等。具体的监测因子应根据企业的燃料类型、燃烧工艺以及环评批复等要求确定。

监测频次：根据污染物的种类、排放浓度、企业的生产工况以及相关法规的要求，确定合理的监测频次。

监测方法和设备：根据监测因子的特点和要求，选择合适的监测方法和设备。监测方法应符合国家或行业标准，监测设备应具有良好的准确性、稳定性和可靠性。同时，要考虑设备的维护和校准成本，以及设备与企业现有系统的兼容性。

编写方案并审核备案：整理编写自行监测方案，方案内容应包括企业的基本情况、监测点位、监测因子、监测频次、监测方法、设备选型、质量控制措施、数据处理和报告等。方案编写完成后，应报当地生态环境主管部门审核备案。

5.1.3　监测实施

样品采集：按照监测方案确定的监测频次和监测时间，进行样品采集。在采集过程中，要严格遵守采样操作规程，确保样品的代表性和准确性。对于自动监测设备，要定期检查设备的运行状态，确保数据的准确性。

现场监测：对于一些需要现场监测的项目（如温度、压力、湿度等），要使用经过校准的仪器进行监测，并记录监测数据。

实验室分析：采集的样品要及时送到实验室进行分析。在实验室分析过程中，要严格遵守实验室操作规程，确保分析结果的准确性和可靠性。

数据记录和处理：记录监测数据，并按照相关标准和规范进行数据处理。对于异常监测数据，要及时进行分析和处理，查明原因，并采取相应的纠正措施。

5.1.4　结果报告和公开

结果报告：根据监测结果，编写自行监测报告。报告应包括监测时间、监测点位、监测因子、监测结果、达标情况、质量控制措施等内容。报告的格式和内容应符合相关标准和规范的要求。

结果公开：按照相关法规的要求，将自行监测结果及时在企业网站、全国污染源监测信息管理与共享平台等渠道公开，接受社会监督。

5.2　有组织排放监测

5.2.1　监测指标

火电企业烟气排放口有组织排放废气的监测指标及最低监测频次见表 5-1，同时要监测烟气含氧量、温度、湿度、压力、流速、烟气量（标准干烟气）等辅助参数。

表 5-1　有组织排放废气的监测指标及最低监测频次

燃料类型	锅炉或燃气轮机规模	监测指标	最低监测频次
燃煤	14 MW 或 20 t/h 及以上	颗粒物、二氧化硫、氮氧化物	自动监测
		汞及其化合物[①]、氨[②]、林格曼黑度	每季度 1 次
	14 MW 或 20 t/h 以下	颗粒物、二氧化硫、氮氧化物、林格曼黑度、汞及其化合物	每月 1 次
燃油	14 MW 或 20 t/h 及以上	颗粒物、二氧化硫、氮氧化物	自动监测
		氨[②]、林格曼黑度	每季度 1 次
	14 MW 或 20 t/h 以下	颗粒物、二氧化硫、氮氧化物、林格曼黑度	每月 1 次
燃气[③]	14 MW 或 20 t/h 及以上	氮氧化物	自动监测
		颗粒物、二氧化硫、氨[②]、林格曼黑度	每季度 1 次
	14 MW 或 20 t/h 以下	氮氧化物	每月 1 次
		颗粒物、二氧化硫、林格曼黑度	每年 1 次

注：型煤、水煤浆、煤矸石锅炉参照燃煤锅炉；油页岩、石油焦、生物质锅炉或燃气轮机组参照以油为燃料的锅炉或燃气轮机组；多种燃料掺烧的锅炉或燃气轮机应执行最严格的监测频次；排气筒废气监测应同步监测烟气参数。

①煤种改变时，需对汞及其化合物增加监测频次；

②使用液氨等含氨物质作为还原剂去除烟气中氮氧化物的，可以选测；

③仅限于以净化天然气为燃料的锅炉或燃气轮机组，以其他气体为燃料的锅炉或燃气轮机组参照以油为燃料的锅炉或燃气轮机组。

各外排口监测点位的监测指标至少应包括所执行的国家或地方污染物排放（控制）标准、环境影响评价文件及其批复、排污许可证等相关管理规定明确要求的污染物指标。排污单位还应根据生产过程的原辅用料、生产工艺、中间及最终产品，确定是否排放被纳入相关有毒有害或优先控制污染物名录的污染物，或其他有毒污染物，这些污染物排放指标也应纳入监测指标。

对于主要排放口监测点位的监测指标，符合以下条件的为主要监测指标：

①SO_2、NO_x、颗粒物（或烟尘/粉尘）、挥发性有机物中排放量较大的污染物指标。

②能在环境或动植物体内积累，对人类产生长远不良影响的有毒污染物指标（被纳入有毒有害或优先控制污染物相关名录的，以名录中的污染物指标为准）。

③排污单位所在区域环境质量超标的污染物指标。内部监测点位的监测指标根据点位设置的主要目的确定。

5.2.2 监测频次

排污单位应遵循以下原则确定各监测点位不同监测指标的监测频次：

①不应低于国家或地方发布的标准、规范性文件、规划、环境影响评价文件及其批复等明确规定的监测频次。

②主要排放口的监测频次高于非主要排放口的监测频次。

③主要监测指标的监测频次高于其他监测指标的监测频次。

④排向敏感地区的，应适当增加监测频次。

⑤排放状况波动大的，应适当增加监测频次。

⑥历史稳定达标状况较差的须增加监测频次，达标状况良好的可以适当减少监测频次。

⑦监测成本应与排污企业自身能力相一致，尽量避免重复监测。

原则上，外排口监测点位最低监测频次按照表 5-1 执行。废气烟气参数和污染物浓度应同步监测。内部监测点位的监测频次根据该监测点位的设置目的、结果评价的需要、补充监测结果的需要等进行确定。

5.2.3 监测点位

（1）外排口监测点位

点位设置应满足《大气污染物综合排放标准》（GB 16297—1996）、《固定污染源烟气（SO_2、NO_x、颗粒物）排放连续监测技术规范》（HJ 75—2017）等标准和技术规范的要求。净烟气与原烟气混合排放的，应在排气筒或烟气汇合后的混合烟道上设置监测点位；净烟气直接排放的，应在净烟气烟道上设置监测点位，有旁路的也应在旁路烟道上设置监测点位。

（2）内部监测点位的设置

当污染物排放标准中有污染物处理效果要求时，应在相应污染物处理设施单元的进出口设置监测点位。当环境管理文件有要求或排污单位认为有必要时，可根据相应的监测内容设置内部监测点位。

5.2.4 监测技术

监测技术包括手工监测和自动监测两种，排污单位可根据监测成本、监测指标以及监测频次等内容，合理选择适当的监测技术。

对于相关管理规定要求的自动监测指标，应采用自动监测技术；对于监测频次高、自动监测技术成熟的监测指标，应优先选用自动监测技术；其他监测指标，可选用手工监测技术。

5.2.5 采样方法

废气手工采样方法的选择参照相关污染物排放标准及《固定污染源排气中颗粒物测定与气态污染物采样方法》（GB/T 16157—1996）、《固定源废气监测技术规范》（HJ/T 397—2007）等执行。废气自动监测参照《固定污染源烟气（SO_2、NO_x、颗粒物）排放连续监测技术规范》（HJ 75—2017）、《固定污染源烟气（SO_2、NO_x、颗粒物）排放连续监测系统技术要求及检测方法》（HJ 76—2017）执行。

5.2.6 监测分析方法

监测分析方法的选用应充分考虑相关排放标准的规定、排污单位的排放特点、污染物的排放浓度、所采用监测分析方法的检出限和干扰等因素。监测分析方法应优先选用所执行的排放标准中规定的方法。选用其他国家或行业标准方法的，方法的主要特性参数（包括检出下限、精密度、准确度、干扰消除等）需符合标准要求。尚无国家和行业标准分析方法的，或采用国家和行业标准方法不能得到合格数据的，可选用其他方法，但必须进行方法验证和对比试验，证明该方法主要特性参数的可靠性。

5.3　无组织排放监测

5.3.1　监测指标

火电企业无组织排放废气的监测点位、监测指标和最低监测频次见表 5-2，同时测量烟气含氧量、温度、湿度、压力、流速、烟气量（标准干烟气）等辅助参数。

表 5-2　无组织排放废气的监测指标及最低监测频次

燃料类型	监测点位	监测指标	监测频次
煤、煤矸石、石油焦、油页岩、生物质	厂界	颗粒物①	每季度 1 次
油	储油罐周边及厂界	非甲烷总烃	每季度 1 次
所有燃料	氨罐区周边	氨②	每季度 1 次

注：①未封闭堆场需增加监测频次；周边无敏感点的，可适当降低监测频次。

②适用于使用液氨或氨水作为还原剂的企业。

5.3.2　监测点位

在燃煤电厂厂界外设置颗粒物监测点位。在储油罐周边设置非甲烷总烃监测点位。在使用液氨或氨水作为脱硝还原剂的电厂的氨罐区周边设置氨监测点位。监控点和参照点的设置原则与方法按《大气污染物综合排放标准》（GB 16297—1996）执行。

5.3.3　采样方法

参照相关污染物排放标准及《大气污染物无组织排放监测技术导则》（HJ/T 55—2000）、《泄漏和敞开液面排放的挥发性有机物检测技术导则》（HJ 733—2014）执行。

5.3.4　监测分析方法

无组织排放废气的监测指标、分析方法及执行标准及见表 5-3。采样和分析仪器应定期计量检定或校准，并在有效期内使用。

表 5-3　无组织排放废气的监测指标、分析方法及执行标准

监测点位	监测指标	监测分析方法	执行标准
厂界	颗粒物①	重量法	GB/T 15432
储油罐周边及厂界	非甲烷总烃	直接进样-气相色谱法	HJ 604
氨罐区周边	氨②	次氯酸钠-水杨酸分光光度法	HJ 534
		纳氏试剂分光光度法	HJ 533

注：①未封闭堆场需增加监测频次，周边无敏感点的，可适当降低监测频次。
②适用于使用液氨或氨水作为还原剂的企业。

5.3.5　信息记录与数据处理

无组织排放监测信息记录与数据处理按《环境空气　总悬浮颗粒物的测定　重量法》（GB/T 15432—1995）、《环境空气　总烃、甲烷和非甲烷总烃的测定　直接进样-气相色谱法》（HJ 604—2017）、《环境空气和废气　氨的测定　纳氏试剂分光光度法》（HJ 533—2009）、《环境空气　氨的测定　次氯酸钠-水杨酸分光光度法》（HJ 534—2009）的相关规定执行。

第6章

厂界噪声监测

6.1 厂界噪声排放自行监测依据

《中华人民共和国噪声污染防治法》第三十八条："实行排污许可管理的单位应当按照规定，对工业噪声开展自行监测，保存原始监测记录，向社会公开监测结果，对监测数据的真实性和准确性负责。"第七十六条："违反本法规定，有下列行为之一，由生态环境主管部门责令改正，处二万元以上二十万元以下的罚款；拒不改正的，责令限制生产、停产整治：（一）实行排污许可管理的单位未按照规定对工业噪声开展自行监测，未保存原始监测记录，或者未向社会公开监测结果的"。

6.2 火电企业噪声排放情况

火电企业的噪声排放源见表6-1。

表6-1　火电企业的噪声排放源

燃料和热能转化设施类型	噪声排放源	
	主设备	辅助设备
燃煤锅炉	发电机、汽轮机	引风机、冷却塔、脱硫塔、给水泵、灰渣泵房、碎煤机房、循环泵房等
以气体为燃料的锅炉或燃气轮机组	燃气轮机（内燃机）	冷却塔、压气机等
以油为燃料的锅炉或燃气轮机组	汽轮机、发电机	空压机、风机、水泵等

6.3 厂界噪声监测技术

6.3.1 监测要求

在开展厂界噪声监测时，应在无雨雪、无雷电天气，且风速为 5 m/s 以下时进行测量。必须在特殊气象条件下进行测量时，应采取必要措施以保证测量的准确性，同时应注明当时所采取的措施及气象情况，测量应在被测声源正常工作时进行，同时注明当时的工况。

6.3.2 监测仪器

（1）声级计

测量仪器为积分平均声级计或环境噪声自动监测仪，其性能应不低于《电声学　声级计　第 2 部分：型式评价试验》（GB/T 3785.2—2023）对 2 级仪器的要求，测量 35 dB（A）以下的噪声应使用 1 级声级计，且测量范围应满足所测量噪声的需要。典型声级计如图 6-1 所示。

（2）声校准器

校准所用仪器应符合《电声学　声校准器》（GB/T 15173—2010）对 1 级或 2 级声校准器的要求。典型声校准器如图 6-2 所示。

（3）测量风速相关仪器

典型风速仪如图 6-3 所示。

图 6-1　声级计

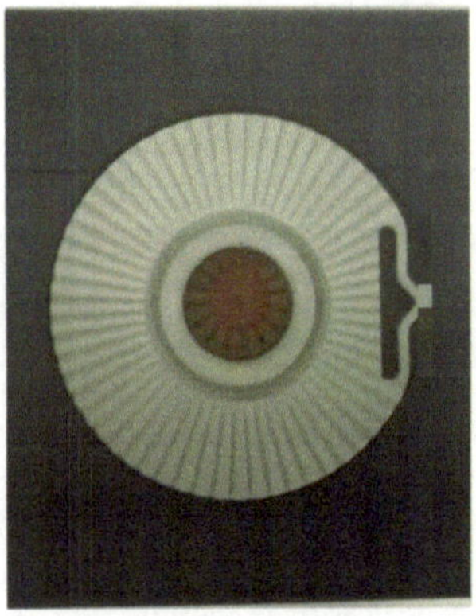

图 6-2　声校准器

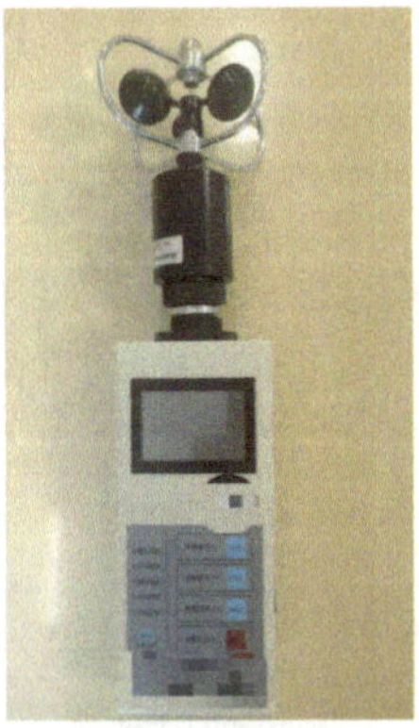

图 6-3　风速仪

（4）其他要求

测量仪器和校准仪器应定期检定合格，并在有效使用期限内使用；每次测量前和测量后必须在测量现场进行声学校准，且两次校准示值偏差不得大于 0.5，否则测量结果无效。测量时传声器应加防风罩。

6.3.3 监测点位

（1）点位布设基本原则

《工业企业厂界环境噪声排放标准》（GB 12348—2008）中规定应根据工业企业声源、周围噪声敏感建筑物的布局以及毗邻的区域类别在工业企业厂界布设多个测点，其中包括距噪声敏感建筑物较近以及受被测声源影响大的位置。《排污单位自行监测技术指南 总则》（HJ 819—2017）则更具体地指出了厂界环境噪声监测点位设置应遵循的原则：①根据厂内主要噪声源距厂界位置布点；②根据厂界周围敏感目标布点；③“厂中厂”是否需要监测由内部和外围排污单位协商确定；④面临海洋、大江、大河的厂界原则上不布点；⑤厂界紧邻交通干线不布点；⑥厂界紧邻另一个排污单位的，在临近另一个排污单位侧是否布点由排污单位协商确定。

通常所说的厂界，是指由法律文书（如土地使用证、土地所有证、租赁合同等）中所确定的业主所拥有的使用权（或所有权）的场所或建筑边界。各种产生噪声的固定设备的厂界为其实际占地的边界。

（2）点位布设的一般规定

①一般情况下，应选在工业企业厂界外 1 m、高度 1.2 m 以上、距任一反射面距离不小于 1 m 的位置；②当厂界有围墙且周围有受影响的噪声敏感建筑物时，测点应选在厂界外 1 m、高于围墙 0.5 m 以上的位置；③当厂界无法测量到声源的实际排放状况时（如声源位于高空、厂界设有声屏障等），应按①设置测点，同时在受影响的噪声敏感建筑物的户外 1 m 处另设测点，当建筑物高于 3 层时，可考虑分层布点；④当厂界与噪声敏感建筑物距离小于 1 m 时，厂界环境噪声应在噪声敏感建筑物室内测量，室内测量点位设在距任一反射面 0.5 m 以上、距地面 1.2 m 高度处，在受噪声影响方向的窗户开启状态下测量；⑤固定设备结构传声至噪声敏感建筑物室内，在噪声敏感建筑物室内测量时，测点应距任一反射面 0.5 m 以上，距地面 1.2 m、距外窗 1 m 以上，窗户关闭状态下测量。具体要求参照《环境噪声监测技术规范 结构传播固定设备室内噪声》（HJ 707—2014）。

6.3.4 监测时段及频次

（1）监测时段

分别在昼间、夜间两个时段进行测量。夜间有频发、偶发噪声影响时同时测量最大声级。被测声源是稳态噪声时，采用 1 min 等效声级。被测声源是非稳态噪声时，测量被测声源有代表性时段的等效声级，必要时测量被测声源整个正常工作时段的等效声级。

（2）背景噪声测量

测量环境不受被测声源影响且其他声环境与测量被测声源时保持一致。测量时段与被测声源测量的时间长度相同。

（3）监测频次

厂界环境噪声每季度至少开展 1 次监测，夜间生产的企业要监测夜间噪声。

6.3.5 监测记录

噪声测量时需做测量记录，记录内容应主要包括被测量单位名称、地址，厂界所处声环境功能区类别，测量时的气象条件，测量仪器，校准仪器，测点位置，测量时间，测量时段，仪器校准值（测前、测后），主要声源，测量工况，示意图（厂界、声源、噪声敏感建筑物、测点等位置），噪声量值，背景值，测量人员，校对人，审核人等相关信息。

6.3.6 监测结果修正

噪声测量值与背景噪声值相差大于 10 dB（A）时，噪声测量值不做修正；噪声测量值与背景噪声值相差 3～10 dB（A）时，噪声测量值与背景噪声值的差值取整后，按照《工业企业厂界环境噪声排放标准》（GB 12348—2008）的要求进行修正。

噪声测量值与背景噪声值相差小于 3 dB（A）时，应采取措施降低背景噪声，视情况进行修正，仍无法满足要求的，应按环境噪声监测技术规范的有关规定执行。

6.3.7 监测结果评价

各监测点位的测量结果应单独评价，同一监测点位每天的测量结果按昼间、夜间进行评价，最大声级应直接评价。

6.4 自动监测系统与应用

6.4.1 环境噪声自动监测系统

《环境噪声自动监测系统技术要求》（HJ 907—2017）规定了环境噪声自动监测系统的技术要求、性能指标和检测方法，适用于环境噪声自动监测系统的应用选型和检测。

环境噪声自动监测系统是基于噪声监测设备、数据通信技术及计算机应用软件，实现噪声自动监测并实时进行环境噪声数据统计分析的系统，一般由 1 台或多台噪声监测子站及噪声监控系统组成。

噪声监测子站是环境噪声自动监测系统的户外采样部分，一般分为固定式和移动式两种类型。噪声监测子站包括全天候户外传声器、噪声采集分析单元、通信单元、电源控制单元以及机箱等配套安全防护单元。

全天候户外传声器：有防风、防雨、防尘、防干扰设计的以适应户外长期连续使用的传声器。

噪声采集分析单元：具有噪声信号采集和数据分析功能，同时可以保存一定量的数据。

通信单元：实现噪声监测子站与噪声监控系统的数据通信。

电源控制单元：提供电力供应，防止外部电源抖动对测量精度的影响，保护噪声监测子站免受外部浪涌攻击。

机箱：全天候防护箱，用于放置噪声采集分析单元、通信单元、电源控制单元等，起到防风、防雨、防盗的作用。

噪声监控系统是环境噪声自动监测系统的数据统计与分析部分，实现对噪声监测子站的运行状态监控，数据的收集、存储、审核、查询、统计及报表生成等功能。

6.4.2 实际应用情况

在实际应用中，一般自动监测系统可以通过声源类别自动识别功能，针对噪声污染超标时间进行录音及回访，并自动判别超标声源类型。此外，有的声环境自动监测系统还加入了噪声大数据分析系统，并具备声源方向定位抓拍功能。定位抓拍功能是通过声学阵列自动判别噪声污染的来源方向，并联动视频监控系统进行定位抓拍录像，能够准确定位噪声污染源头。大数据分析可以将噪声自动监测子站收集的大量原始数据，接入数据分析系统，通过原始数据分析可以了解同一站点噪声历史变化趋势，不同区域同一时间段噪声污染情况对比等，为噪声污染防治提供决策依据。

通过监测噪声分布情况，可以更好地设计企业建筑布局，以减少噪声污染对周边环境的不利影响。同时，监测数据有助于企业评估不同活动对周围环境的噪声影响，从而制定相应的降噪政策和措施。

第7章
周边环境自行监测

7.1 周边环境质量影响监测

7.1.1 监测范围

火电企业环境影响评价文件及其批复，以及其他环境管理政策有明确要求的，按照要求开展周边环境质量影响监测。无明确要求的，若企业认为有必要的，应按照《地下水环境监测技术规范》（HJ 164—2020）的规定设置地下水监测点位。监测指标为pH、化学需氧量、硫化物、氟化物、石油类、总硬度、总汞、总砷、总铅、总镉等，监测频次为每年至少1次。

7.1.2 监测点位

排污单位厂界周边的土壤、地表水、地下水、大气等环境质量影响监测点位参照排污单位环境影响评价文件及其批复，以及其他环境管理要求设置。例如，环境影响评价文件及其批复，以及其他文件中均未作出要求，排污单位需要开展周边环境质量影响监测的，环境质量影响监测点位设置的原则和方法参照《建设项目环境影响评价技术导则　总纲》（HJ 2.1—2016）、《环境影响评价技术导则　大气环境》（HJ 2.2—2018）、《环境影响评价技术导则　地表水环境》（HJ 2.3—2018）、《环境影响评价技术导则　声环境》（HJ 2.4—2021）、《环境影响评价技术导则　地下水环境》（HJ 610—2016）等规定。各类环境影响监测点位设置按照《地表水和污水监测技术规范》（HJ/T 91—2002）、《地下水环境监测技术规范》（HJ 164—

2020）、《近岸海域环境监测技术规范　第一部分　总则》（HJ 442－2020）、《环境空气质量手工监测技术规范》（HJ 194—2017）、《土壤环境监测技术规范》（HJ/T 166—2004）等执行。

7.1.3　监测指标

周边环境质量影响监测点位监测指标参照排污单位环境影响评价文件及其批复等管理文件的要求执行，或根据排放的污染物对环境的影响确定。

7.1.4　监测频次

若环境影响评价文件及其批复等管理文件有明确要求的，排污单位周边环境质量监测频次按照要求执行。否则，涉水重点排污单位地表水每年丰水期、平水期、枯水期至少各监测 1 次，涉气重点排污单位空气质量每半年至少监测 1 次，涉重金属、难降解类有机污染物等重点排污单位土壤、地下水每年至少监测 1 次。发生突发环境事故对周边环境质量造成明显影响的，或周边环境质量相关污染物超标的，应适当增加监测频次。

7.1.5　采样方法

周边水环境质量监测点采样方法参照《地表水和污水监测技术规范》（HJ/T 91—2002）、《地下水环境监测技术规范》（HJ 164—2020）、《近岸海域环境监测技术规范　第一部分　总则》（HJ 442—2020）等执行。周边大气环境质量监测点采样方法参照《环境空气质量手工监测技术规范》（HJ/T 194—2017）等执行。周边土壤环境质量监测点采样方法参照《土壤环境监测技术规范》（HJ/T 166—2004）等执行。

监测分析方法、监测质量保证与质量控制等按照《排污单位自行监测技术指南　总则》（HJ 819—2017）执行。

7.2　地下水监测

7.2.1　地下水监测的必要性

地下水是地球上重要的淡水资源之一，对于维持生态平衡和人类生活具有重要意义。火电企业在生产过程中，可能因排放废水、泄漏物料等对地下水造成污染。因此，开展地下水监测工作，及时发现并控制污染源，防止地下水污染扩散，是保护水资源和生态环境的重要举措。同时，地下水监测也是火电企业履行环保责任、提升企业形象的重要手段。

7.2.2　地下水监测内容

火电企业地下水监测内容主要包括以下 4 个方面。

（1）水质监测

监测地下水中各种污染物（如铅、镉、汞等重金属，苯系物、石油烃等有机物，硝酸盐、亚硝酸盐、硫酸盐等无机物）的浓度，以及微生物指标等。

（2）水位监测

监测地下水位的动态变化，了解地下水资源的储量和补给情况。

（3）水温监测

监测地下水温度的变化，反映地下水体的热状况及其与周围环境的热量交换情况。

（4）流速与流向监测

通过特定的技术手段（如示踪试验）监测地下水的流速和流向，了解地下水的流动规律及其与污染源的关系。

7.2.3　地下水监测方法

火电企业地下水监测方法主要包括以下 3 种。

（1）井点监测法

在火电企业周边或地下水敏感区域设置监测井，定期采集地下水样品进行分析。该方法具有操作简便，数据准确、可靠等优点，是地下水监测中最常用的方法之一。

（2）原位监测法

利用原位传感器或探针直接测量地下水中的某些参数（如 pH、电导率、溶解氧等），实现实时或连续监测。该方法具有响应速度快、数据实时性强等优点，但设备成本较高且维护难度较大。

（3）遥感监测法

利用遥感技术（如卫星遥感、无人机遥感等）对火电企业周边区域进行监测，通过分析地表植被、土壤湿度等参数间接推断地下水状况。该方法具有监测范围广、数据获取快等优点，但精度较低且易受天气等因素的影响。

7.2.4 地下水监测数据处理与分析

地下水监测数据处理与分析是监测工作的关键环节之一，主要包括以下 4 个步骤。

（1）数据收集与整理

将采集的地下水样品送至实验室进行分析，获取各项水质指标的数据。同时，记录监测井的坐标、深度、采样时间等基本信息。

（2）数据校核与质控

对实验室分析数据进行校核和质量控制，确保数据的准确性和可靠性。常用的质控方法包括平行样分析、加标回收率实验等。

（3）数据分析与评估

运用统计学方法和专业知识对监测数据进行分析与评估。通过对比历史数据、背景值以及国家相关标准等，判断地下水是否受到污染以及污染程度和范围。

（4）结果报告与预警

将分析结果编制成监测报告，向生态环境部门和企业内部相关部门报告监测结果。对于发现的问题及时提出预警和建议措施，防止污染扩散和恶化。

7.3 土壤监测

7.3.1 监测必要性

根据《中华人民共和国环境保护法》《中华人民共和国土壤污染防治法》等法律法规，火电企业作为重点排污单位，有义务对其周边土壤环境进行定期监测，确保土壤环境质量符合国家标准。

土壤是生态系统的重要组成部分，其质量直接影响农作物生长、地下水安全及人类健康。火电企业运营过程中可能产生重金属、有机物等污染物，若处理不当，可能通过大气沉降、废水排放等途径进入土壤，造成土壤污染。

通过定期监测，可以及时发现土壤污染问题，评估污染程度和范围，为制定有效的防控措施提供科学依据。

7.3.2　监测目标

火电企业土壤监测的主要目标包括以下 3 个。

①掌握土壤环境质量现状：通过监测，了解火电企业周边土壤环境的物理、化学性质及污染物含量，掌握土壤环境质量现状。

②评估污染风险：结合监测数据，评估火电企业运营对土壤环境造成的污染风险，为制订环境管理政策提供数据支持。

③指导污染防控：根据监测结果，指导火电企业采取有效措施，减少污染物排放，防止土壤污染进一步加剧。

7.3.3　监测方法

（1）监测因子选择

依据《土壤环境质量　建设用地土壤污染风险管控标准（试行）》（GB 36600—2018）等相关标准，结合火电企业的生产工艺、原辅材料使用情况及周边环境特征，确定监测因子。一般包括但不限于重金属（如镉、铅、铜、镍、汞、砷等）、有机物（如多氯联苯、石油烃等）及土壤理化性质（如 pH、有机质含量等）。

（2）监测点位布设

监测点位的布设应遵循科学性、代表性和可操作性的原则。一般根据火电企业的地理位置、风向、排放源位置等因素，在潜在污染区域（如废气排放口周边、废水处理站下游、固体废物堆存场周边等）布设监测点位。同时，在远离火电企业的区域设置背景点位，以便进行污染对比分析。

（3）采样方法

采样时应选择合适的土壤层，通常包括表层土壤（0～20 cm）和深层土壤（如 20～60 cm）。采样工具可选用铁锹、螺旋土钻等，采样过程中应避免交叉污染，确保样品质量。

（4）分析方法

根据监测因子的不同，采用相应的分析方法进行分析。重金属含量可采用原子吸收光谱法（AAS）、电感耦合等离子体发射光谱法（ICP-OES）等进行分析；有机物含量可采用气相色谱-质谱联用仪（GC-MS）等进行分析；土壤理化性质可采用常规理化分析方法进行分析。

7.3.4 监测数据分析与评估

（1）数据整理

将监测数据按照时间顺序、监测点位等进行整理，构建监测数据库。

（2）数据对比

将监测数据与背景点位数据进行对比，分析火电企业运营对土壤环境的影响程度。

（3）污染评估

根据监测数据和相关标准，评估土壤污染程度和污染范围，确定污染等级和污染类型。

（4）趋势分析

利用监测数据，分析土壤污染的发展趋势，预测未来可能出现的问题。

（5）风险评估

结合污染评估和趋势分析结果，评估火电企业运营对土壤环境造成的风险，为制订防控措施提供科学依据。

第8章

监测质量保证与质量控制

8.1 质量体系

火电企业应建立并实施质量保证与控制措施方案，以保障自行监测数据的质量。根据本单位自行监测的工作需求，设置监测机构，梳理在监测方案制订、样品采集、样品分析、监测结果报出、样品留存、相关记录的保存等监测的各个环节中，为保证监测工作质量应制订的工作流程、管理措施与监督措施，建立自行监测质量体系。

质量体系应包括对以下内容的具体描述：监测机构、监测人员、出具监测数据所需仪器设备、监测辅助设施和实验室环境、监测方法技术能力验证、监测活动质量控制与质量保证等。委托其他有资质的检（监）测机构代其开展自行监测的，排污单位不用建立监测质量体系，但应对检（监）测机构的资质进行确认。

建立火电企业环境监测的质量体系是一项系统工程，需要全体员工的共同努力和持续投入。构建科学、合理、有效的质量体系，不仅能提升监测数据的准确性和可靠性，还能促进火电企业环境管理水平的提升，为企业的可持续发展奠定坚实基础。因此，火电企业应高度重视质量体系的建立工作，不断完善和优化体系运行机制，确保环境监测工作高效、有序、规范地进行。

8.2 监测机构

监测机构应具有与监测任务相适应的技术人员、仪器设备和实验室环境，明确监测人员和管理人员的职责、权限和相互关系，有适当的措施和程序保证监测结果准确、可靠。

①监测机构应具备与监测任务相适应的技术人员、仪器设备和实验室环境。技术人员应具备良好的专业素养和丰富的实践经验，能够熟练掌握各种监测方法和技能；仪器设备应满足国家相关标准和规范要求，具有稳定的性能和可靠的测量精度；实验室环境应符合实验要求，具备良好的通风、照明、温湿度控制等条件。

②监测机构应明确监测人员和管理人员的职责、权限和相互关系。通过制订详细的岗位职责说明书和工作流程图，确保每位员工都能清楚自己的工作任务和职责范围，并能够与其他部门或岗位进行有效沟通和协作。

③监测机构应建立适当的措施和程序来保证监测结果准确、可靠。这些措施和程序可能包括样品采集前的现场勘查和方案设计、样品采集过程中的质量控制措施、实验室分析中的标准方法应用及数据记录等。同时，还应建立有效的监督机制来检查这些措施和程序的执行情况，确保其得到有效执行。

8.3 监测人员

应配备数量充足、技术水平满足工作要求的技术人员，规范监测人员录用、培训教育和能力确认（考核）等活动，建立人员档案，并对监测人员实施监督和管理，规避人员因素对监测数据正确性和可靠性的影响。

①火电企业应配备数量充足、技术水平满足工作要求的技术人员。这些人员应具备相关的专业背景和工作经验，能够熟练掌握监测方法和技能。同时，还应具备良好的职业道德和责任心，能够严格按照操作规程进行监测工作。

②火电企业应规范监测人员的录用、培训教育和能力确认（考核）等活动。通过制订详细的培训计划和考核标准，对新入职员工进行系统的培训和考核；对在职员工则定期进行技能提升培训和考核评估。同时，还应建立人员档案对监测人员的个人信息、培训经历、工作能力等方面进行详细记录和管理。

③火电企业应对监测人员实施有效的监督和管理措施以规避人员因素对监测数据正确性和可靠性的影响。这些措施可能包括制定严格的工作纪律和操作规程、建立有效的监督机制以及实施绩效考核制度等。

8.4 监测设施和环境

8.4.1 实验室设施与环境管理

实验室是监测工作的核心区域，其设施与环境对实验结果有直接影响。火电企业应确保实验室布局合理，通风、照明、温湿度等条件符合实验要求。根据仪器使用说明书、监测方法和规范等的要求，配备必要的辅助设备（如除湿机、空调、干湿度温度计等），以使监测的工作场所条件得到有效控制。实验室应配备必要的防护设施（如紧急洗眼器、防火器材等），以保障实验人员的人身安全。此外，实验室应定期进行清洁和维护，减少外界因素对实验结果的干扰。

8.4.2 仪器设备校准与维护

监测仪器设备是获取准确数据的关键。火电企业应建立完善的仪器设备管理制度，对监测仪器设备进行定期校准和维护保养，确保其性能稳定可靠。校准应按照国家相关标准或仪器说明书的要求进行，校准记录和证书应妥善保存以备审查。同时，对于关键仪器设备，火电企业还应建立应急预案，以应对设备突发故障或异常情况。

8.4.3 样品的存储与处理

样品的存储与处理是影响监测结果的重要环节。火电企业应设立专门的样品存储区域，确保样品在存储过程中不受污染或变质。对于需要特殊条件保存（如冷藏、避光等）的样品，应提供相应的存储设施。在样品处理过程中，应严格按照操作规程进行，避免人为因素对样品造成损害或污染。处理后的样品应妥善保存，以备复查或验证。

8.4.4 监测环境控制

监测环境包括现场监测环境和实验室监测环境。对于现场监测环境，火电企业应根据监测任务的需求选择合适的监测点位和监测时间段，避免恶劣天气或人为干扰对监测结果的影响。对于实验室监测环境，除了上述的设施与环境管理，还应特别注意实验室的洁净度和电磁干扰等问题。可通过安装空气净化设备、电磁屏蔽装置等措施来降低实验室内的干扰，提高监测数据的准确性。

8.5 监测仪器设备和实验试剂

在火电企业自行监测体系中，监测仪器设备和实验试剂作为数据采集与分析的物质基础，其重要性不言而喻。

①应配备数量充足、技术指标符合相关监测方法要求的各类监测仪器设备、标准物质和实验试剂。

②监测仪器性能应符合相应的方法标准或技术规范要求，根据仪器性能实施自校准或者检定校准、运行和维护、定期检查。

③标准物质、试剂、耗材的购买和使用情况应建立台账予以记录。

本节将详细阐述监测仪器设备的配置原则、技术要求、维护保养，以及标准物质、试剂、耗材的管理措施，以确保监测工作的顺利进行和监测结果的准确性。

8.5.1 监测仪器设备的配置

火电企业应根据自身的监测需求，确保各类监测仪器设备的数量充足，以满足日常监测和应急监测的需要，包括但不限于气体分析仪、水质监测仪、烟尘采样器等关键设备。

所有监测仪器设备的技术指标必须严格符合相关监测方法或技术规范要求，包括设备的测量范围、灵敏度、准确度、稳定性等关键参数，以确保监测数据的准确性和可靠性。

根据监测项目的不同，火电企业应配备多样化的监测仪器设备，以满足不同污染物的监测需求。同时，针对特定监测项目，应选用专业化的仪器设备，以提高监测效率和监测数据的质量。

8.5.2 监测仪器设备的性能要求与维护

监测仪器设备的性能必须符合相应的方法标准或技术规范要求。设备在投入使用前要进行严格的性能测试和校准，确保其测量结果的准确性和可靠性。

根据监测仪器设备的性能特点和使用要求，火电企业应制订自校准或检定校准计划，并严格按照计划执行。自校准主要针对具有自校准功能的仪器设备，而检定校准则需由具有资质的第三方机构进行。通过定期校准，可以确保仪器设备的测量精度和稳定性。

火电企业应建立监测仪器设备运行与维护管理制度，明确设备的日常操作、维护保养、故障处理等流程和要求。定期对监测仪器设备进行检查和维护，及时发现并解决潜在问题，确保设备处于良好的运行状态。

除了日常的维护保养，火电企业还应定期对监测仪器设备进行全面检查，检查内容包括设备外观、内部结构、测量性能等方面。通过定期检查，可以及时发现并处理设备存在的隐患和问题，确保监测数据的准确性和可靠性。

8.5.3 标准物质、试剂、耗材的管理

火电企业应建立标准物质、试剂、耗材的购买和使用台账，详细记录每种物品的购买时间、数量、规格型号、生产厂家、有效期等信息。同时，还应记录每次使用的时间、用量、使用人员等信息，以便追溯和管理。

对于标准物质和试剂，火电企业应确保其质量符合相关标准或技术规范要求。在采购时，应选择具有资质和信誉的供应商；在使用前，应进行必要的验证和校准；在使用过程中，应注意储存条件和使用期限，避免过期或变质导致数据偏差。

对于易燃、易爆、有毒有害等危险化学品，火电企业应严格按照国家相关法规和标准进行管理，管理内容包括储存场所的选择、储存条件的控制、使用过程中的安全防护措施等方面。同时，还应加强员工的安全教育和培训，提高员工的安全意识和应急处理能力。

8.6 监测方法技术能力验证

在火电企业自行监测体系中，监测方法技术能力验证是确保监测数据准确和可靠的关键环节。应组织监测人员按照其所承担监测指标的方法步骤开展实验活动，测试方法的检出浓度、校准（工作）曲线的相关性、精密度和准确度等指标，实验结果满足方法相应的规定以后，方可确认该人员实际操作技能满足工作需求，能够承担该项指标的测试工作。通过验证监测人员对所承担监测指标的方法步骤的掌握程度以及实验活动的实际操作能力，可以评估其是否具备承担相应测试工作的技术能力。

8.7 监测质量控制

在火电企业的监测工作中，质量控制是确保监测数据准确和可靠的核心环节。为了有效实施监测质量控制，需要编制详细的监测工作质量控制计划，并选择与监测活动类型和工作量相适应的质控方法，包括使用标准物质、采用空白实验、平行样测定、加标回收率测定等，定期进行质控数据分析。

8.7.1 编制监测工作质量控制计划

首先，需要明确监测工作的具体目标和要求，包括监测指标、监测频次、监测方法等。其次，根据监测目标和要求，制订详细的监测工作质量控制计划。计划应涵盖质控方法的选择、质控样品的准备、质控数据的分析等方面。最后，明确各相关部门和人员的职责与任务，确保质控工作的顺利实施。

8.7.2 选择与监测活动类型和工作量相适应的质控方法

标准物质是监测质量控制的重要工具。通过定期使用标准物质进行测定，可以评估监测系统的准确性和稳定性。

空白实验是指在不加入待测物质的情况下，按照相同的操作步骤进行测定。通过空白实验可以了解监测系统中可能存在的背景干扰和误差。

平行样测定是指对同一份样品进行多次测定。通过比较多次测定的结果，可以评估监测系统的精密度和重复性。

加标回收率测定是指在待测样品中加入一定量的标准物质，然后按照相同的操作步骤进行测定。通过比较加入标准物质前后的测定结果，可以评估监测系统的准确性和可靠性。

8.7.3 定期进行质控数据分析

按照质控计划的要求，定期收集质控数据。数据应包括标准物质的测定结果、空白实验的结果、平行样的测定结果以及加标回收率的测定结果等。对收集到的质控数据进行统计分析，计算平均值、标准差、变异系数等指标。通过数据分析，可以了解监测系统的稳定性和可靠性。

如果发现质控数据异常或超出预定范围，应及时查找原因并采取相应的处理措施。例如，检查仪器设备的校准情况、调整操作参数、优化样品前处理方法等。

8.7.4 其他质控措施

定期对监测人员进行培训，提高他们的专业技能和质量意识。确保监测人员能够熟练掌握监测方法和质控要求。

加强监测仪器设备的日常维护和保养工作，确保监测仪器设备的正常运行及其准确性。定期对仪器设备进行校准和验证工作，确保其测量结果的准确性和可靠性。

建立完善的文件管理体系，对监测过程中的各种文件和记录进行规范化管理。确保文件的完整性和可追溯性。

监测质量控制是火电企业监测工作中不可或缺的一环。通过编制详细的监测工作质量控制计划、选择与监测活动类型和工作量相适应的质控方法以及定期进行质控数据分析等措施的实施，可以确保监测数据的准确性和可靠性，为火电企业的环境管理和决策提供有力支持。

8.8 监测质量保证

8.8.1 遵循监测方法和技术规范

严格按照国家和地方制定的监测方法与技术规范开展监测活动，确保监测过程的科学性和规范性。对于相关标准规定不明确但又影响监测数据质量的活动，火电企业应主动编写“作业指导书”，明确具体操作步骤、技术要求和质量控制措施，以确保监测数据的准确性和可靠性。

8.8.2 编制工作流程和技术规定

编制详细的监测工作流程，明确任务下达、实施、分析、审核签发、结果录入发布等各环节的责任人和完成时限。确保监测工作各环节无缝衔接，提高工作效率和数据质量。制定仪器设备购买、验收、维护和维修的技术规定。确保仪器设备满足监测需求，处于良好的运行状态，并定期进行校准和验证，以保证测量结果的准确性和可靠性。

8.8.3 设计记录表格并存档

根据监测工作的实际需要，设计科学、合理的记录表格。表格应涵盖监测过程的关键信息，如样品采集、保存、运输、分析、结果记录等。

对监测记录进行妥善保存和归档管理。确保记录的完整性和可追溯性，为后续的数据分析和质量控制提供依据。

8.8.4 定期评估与改进

定期对自行监测工作开展的时效性、监测数据的代表性和准确性进行评估。同时，关注管理部门检查结论和公众对自行监测数据的反馈情况，全面识别自行监测存在的问题。

针对评估中发现的问题，应及时采取纠正措施。通过改进监测方法、加强人员培训、优化仪器设备管理等手段，不断提高监测数据的质量与可靠性。

第9章

信息记录与报告

9.1 监测信息记录

9.1.1 手工监测的记录

在火电企业自行监测体系中，手工监测是获取环境数据的重要手段之一。为确保监测数据的准确性和可追溯性，必须建立完善的手工监测记录制度。

（1）采样记录

采样日期：记录采样活动的具体日期，确保数据的时间准确性。

采样时间：详细记录采样开始和结束的具体时间，特别是针对瞬时或特定时段的采样。

采样点位：明确记录采样点的位置信息，包括但不限于污染源排放口、环境空气监测点位、水体监测断面等。

混合取样的样品数量：对于需要混合取样的监测项目，记录参与混合的样品数量及其来源，以确保样品的代表性。

采样器名称：记录使用的采样器型号、编号或名称，以便后续的数据追溯和设备校验。

采样人姓名：记录执行采样操作的工作人员姓名，确保责任到人。

（2）样品保存和交接记录

样品的保存方式：详细记录样品的保存条件（如温度、湿度、光照等），以及是否使用了特定的保存剂或容器。

样品传输交接记录：从采样点到实验室的样品传输过程中，应记录每次交接的时间、地点、交接人姓名及样品的完整性检查情况，确保样品在传输过程中不受污染或损坏。

（3）样品分析记录

分析日期：记录样品分析的具体日期，确保分析工作的时效性。

样品的处理方式：描述样品在分析前所进行的前处理步骤（如稀释、消解、提取等）。

分析方法：明确记录所使用的分析方法，包括标准方法、非标准方法或实验室内部方法等，并附上相应的标准或文件编号。

质控措施：记录分析过程中采取的质量控制措施（如平行样、空白样、加标回收等），以确保分析结果的准确性和可靠性。

分析结果：记录样品的实际分析结果，包括原始数据、计算过程及最终结果。

分析人姓名：记录执行分析操作的工作人员姓名，确保责任到人。

（4）质控记录

质控结果报告单：定期或根据项目要求，编制质控结果报告单，汇总并分析质控数据，评估监测过程的质量状况。对于质控结果异常的情况，应及时查找原因并采取纠正措施。

基于以上记录要求，火电企业可以建立一套完整的手工监测记录体系，确保监测数据的准确性、完整性和可追溯性，为环境管理和决策提供可靠依据。

9.1.2 自动监测运维记录

在火电企业自行监测体系中，自动监测系统扮演着至关重要的角色，它能够连续、实时地监测排放污染物的浓度和排放量，为环境管理和污染控制提供关键数据。为确保自动监测系统的准确性和可靠性，必须建立完善的运维记录制度。

（1）自动监测系统运行状况记录

系统运行日志：详细记录自动监测系统的每日运行情况，包括系统启动时间、运行时长、异常报警及故障处理情况等。

数据稳定性检查：定期（如每小时、每日）检查监测数据的稳定性和连续性，确保数据无异常波动或缺失。

系统校准记录：按照仪器说明书和相关标准规范的要求，定期对自动监测系统进行校准，并记录校准时间、校准方法、校准结果及校准人员等信息。

（2）系统辅助设备运行状况记录

辅助设备清单：列出与自动监测系统配套的所有辅助设备（如采样泵、气路系统、电源等）及其基本信息。

辅助设备运行日志：记录辅助设备的每日运行情况，包括启动时间、运行时长、故障情况及处理措施等。

（3）系统校准校验工作记录

校准校验计划：根据仪器说明书和相关标准规范，制订详细的校准校验计划，明确校准校验周期、校准校验方法及所需的标准物质等。

校准校验报告：在每次校准校验后，编制校准校验报告，总结校准校验过程、校准校验结果及存在的问题，并提出改进措施。

（4）仪器说明书及相关标准规范中规定的其他检查项目记录

记录仪器说明书及相关标准规范中要求的所有检查项目，如零点漂移检查、量程检查、响应时间检查等，并附上检查结果和检查人员签名。

（5）生产和污染治理设施运行状况记录

生产设施运行记录：记录监测期间火电企业各主要生产设施（特别是废气主要污染源相关的生产设施）的运行状况，包括停机时间、启动时间、生产负荷、产品产量等。

原辅料及燃料使用情况：记录主要原辅料和燃料的使用量、种类、成分等信息，以评估其对污染物排放的影响。

取水量及燃料消耗量：详细记录火电企业的取水量和主要燃料的消耗量，为水资源管理和能源效率评估提供依据。

污染治理设施运行记录：记录污染治理设施（如脱硫、脱硝、除尘装置等）的主要运行状态参数（如处理效率、运行时间、药剂消耗量等），以及设施故障、维护、检修等情况。

（6）台账管理

将上述所有记录整理成台账，按照时间顺序或项目分类进行归档保存。台账应便于查阅和检索，以满足生态环境部门检查和内部管理的需要。

基于以上记录要求，火电企业可以全面、系统地掌握自动监测系统的运行情况和生产污染治理设施的运行状况，为环境管理和污染控制提供有力支持。

9.1.3 生产运行状况记录要求

为确保火电企业自行监测的准确性和完整性，对生产运行状况的详细记录是至关重要的。对燃煤机组、燃气机组、燃油机组，以及燃料分析结果的具体记录要求如下所述。

9.1.3.1 生产运行情况

（1）燃煤机组

运行时长：每日记录发电机组的实际运行小时数，以评估机组的运行效率和稳定性。

用煤量：准确记录每日消耗的煤炭量，用于计算煤耗率和评估能源利用效率。

实际发电量：记录发电机组每日实际产生的电量，以验证发电能力和效率。

实际供热量：对于同时承担供热任务的机组，需记录每日实际供热量，以评估供热性能和效率。

产灰量、产渣量：记录燃煤过程中产生的灰渣量，用于评估燃烧效率和废弃物管理。

锅炉或燃气轮机停机、启动情况：及时记录锅炉或燃气轮机的停机时间、启动时间及原因，以便分析机组运行的稳定性和维护需求。

（2）燃气机组

运行时长：每日记录燃气机组的实际运行小时数。

用气量：准确记录每日消耗的天然气量，以评估能源利用效率。

实际发电量：记录燃气机组每日实际产生的电量。

实际供热量（如适用）：对于同时承担供热任务的机组，需记录每日实际供热量。

锅炉或燃气轮机停机、启动情况：及时记录锅炉或燃气轮机的停机时间、启动时间及原因，以便分析机组运行的稳定性和维护需求。

（3）燃油机组

运行时长：每日记录发电机组（燃油）的实际运行小时数。

用油量：准确记录每日消耗的燃油量。

实际发电量：记录发电机组每日实际产生的电量。

实际供热量（如适用）：记录每日实际供热量。

锅炉或燃气轮机停机、启动情况：及时记录锅炉或燃气轮机的停机时间、启动时间及原因，以便分析机组运行的稳定性和维护需求。

9.1.3.2　燃料分析结果

（1）燃煤锅炉

煤质分析：每日对燃煤进行成分分析，记录收到基灰分、含硫量、挥发分和低位发热量等关键指标。这些数据对于评估煤质、优化燃烧过程及预测污染物排放具有重要意义。

（2）燃气锅炉

天然气成分分析：每日记录天然气的主要成分（如甲烷、乙烷等含量），以了解燃料特性和燃烧效率。

（3）燃油锅炉

油品品质分析：每日对使用的燃油进行品质分析，记录关键指标（如含量等），以确保燃油质量符合使用要求并优化燃烧性能。

（4）其他燃料的锅炉

燃料成分：对于使用其他类型燃料的锅炉，应每日记录燃料的详细成分，以便评估其燃烧特性和对环境的影响。

基于上述记录要求，火电企业可以全面掌握生产运行状况和燃料特性，为自行监测和环保管理提供有力支持。

9.1.4　污染治理设施运行状况记录要求

为确保火电企业污染治理设施的有效运行和环保目标的达成，对废气处理设施及工业固体废物进行详细记录是不可或缺的。以下是对这些记录要求的详细说明。

9.1.4.1　废气处理设施运行情况记录要求

（1）基本情况记录

工艺描述：详细记录脱硫、脱硝、除尘等废气处理设施所采用的工艺技术、流程和设备配置。

投运时间：记录各废气处理设施的投运日期及重要改造后的再投运时间。

（2）日常运行记录

原料使用量：按日记录脱硫剂（如石灰石、石膏等）和脱硝还原剂（如氨水、尿素等）的使用量，以评估处理效率和成本。

副产物产量：记录在脱硫过程中产生的副产物（如脱硫石膏）和除尘过程中产生的粉煤灰等固体废物的产生量。

（3）运行状态与维护记录

设施运行状况：详细记录废气处理设施的运行状态，包括正常运行、停机检修、故障处理等情况。

故障与维护：记录设施故障发生的时间、原因、处理措施及恢复时间，确保及时排除故障，保障设施稳定运行。

布袋除尘器特定记录：针对布袋除尘器，需记录清灰周期、换袋情况（包括换袋时间、换袋数量、换袋原因等），以维护除尘效率。

9.1.4.2 工业固体废物记录要求

（1）一般工业固体废物

产生量：记录灰渣、脱硫石膏、破旧布袋等一般工业固体废物的每日产生量或定期产生量。

综合利用量：记录通过回收、再利用等方式减少的废物量，体现资源节约和循环利用。

处置量与贮存量：记录送至填埋场、焚烧厂或其他处置设施的废物量，以及暂存于企业内的废物量。

（2）危险废物

产生量与去向：详细记录危险废物的产生量，包括催化还原脱硝工艺产生的废烟气脱硝催化剂（钒钛系）等，并明确其最终去向，如专业处置单位、合法贮存设施等。

合规性：确保危险废物的分类、收集、贮存、运输和处置均符合《国家危险废物名录》及相关法律法规的要求，避免环境污染和法律风险。

基于上述记录要求，火电企业可以全面掌握污染治理设施的运行状况和工业固体废物的管理情况，为企业生态环境管理和决策提供有力支持。

9.1.4.3 噪声排放记录要求

对于火电企业的噪声排放记录，应建立详细且规范的记录体系，以确保对噪声源的有效监控和管理。具体记录要求如下：

噪声源识别与监测点位：首先明确企业内所有主要的噪声源（如发电机组、冷却塔、风机、压缩机、泵等），并在每个噪声源附近或根据生态环境部门要求设置的监测点位上安装噪声监测设备。记录每个监测点位的具体位置、监测范围及监测设备的基本信息。

监测频率与监测时间：根据生态环境法规或地方标准的要求，确定噪声监测的频率（如每日、每周、每月等）和具体时间（如昼夜不同时段的监测）。确保监测数据能够全面反映噪声排放的实际情况。

监测数据记录：详细记录每次的监测日期、监测时间、监测点位、监测方法、监测结果（包括噪声级、频谱分析等），以及监测人员姓名。对于超标情况，应特别标注并立即采取相应措施。

设备运行状态：记录与噪声排放相关的设备运行状况，如是否正常运行、是否进行维护保养、是否有故障发生及故障处理情况等。这些信息有助于分析噪声排放与设备运行之间的关系。

降噪措施与效果评估：记录采取的降噪措施（如安装消声器、隔声罩、调整设备运行参数等）及其实施时间。随后，通过监测数据评估降噪措施的效果，确保噪声排放符合环保要求。

异常情况与处理：对于监测过程中发现的噪声异常排放情况（如突然增大的噪声、持续的超标排放等），应详细记录异常情况的发生时间、原因分析及处理措施。同时，跟踪记录处理后的监测结果，确保问题得到有效解决。

档案管理与备查：将所有噪声排放记录整理成档案，包括纸质档案和电子档案。确保档案的完整性和可追溯性，便于生态环境部门检查和企业内部管理。同时，定期对档案进行更新和维护，确保信息的准确性和时效性。

基于以上记录要求，火电企业可以建立完整的噪声排放管理体系，实现对噪声源的有效监控和管理，确保噪声排放符合生态环境法规和标准的要求。

9.2 信息报告

9.2.1 监测方案的调整变化情况及变更原因

调整变化情况：详细描述本年度内监测方案的具体调整内容，包括但不限于监测点位、监测因子、监测频次、监测方法等方面的变化。

变更原因：针对每一项调整变化，说明其背后的原因和依据，如法规更新、环保要求提高、生产技术改造等。

9.2.2 企业自行监测情况

运行天数：统计企业及各主要生产设施（特别是废气主要污染源相关的生产设施）的全年实际运行天数。

监测次数与结果：详细列出各监测点位、各监测指标全年的监测次数、监测结果，包括平均值、最大值、最小值等统计数据。

超标情况：如有超标现象，应详细说明超标的时间、地点、超标因子、超标倍数及超标的原因分析。

浓度分布情况：分析各监测指标浓度的分布情况，如是否呈现季节性变化、昼夜变化等规律，并探讨可能的影响因素。

9.2.3 按要求开展的周边环境质量影响状况监测结果

监测范围与点位：明确周边环境质量影响状况监测的范围和具体点位。

监测指标与结果：列出监测的环境质量指标（如空气质量、水体质量、噪声等）及其监测结果，评估企业排污对周边环境的影响程度。

影响评估：基于监测结果，评估企业排污行为对周边环境质量的影响，并提出相应的改进建议。

9.2.4 自行监测开展的其他情况说明

仪器设备校准与维护：说明监测仪器设备的校准周期、校准结果及日常维护情况。

人员培训与资质：介绍监测人员的培训情况、专业技能及持证上岗情况。

其他重要事项：如监测过程中遇到的特殊问题、解决方案及经验总结等。

9.2.5 排污单位实现达标排放所采取的主要措施

技术改进措施：详细阐述为实现达标排放所采取的技术改造措施，如升级污染治理设施、优化生产工艺等。

管理优化措施：介绍在环保管理方面所采取的优化措施，如建立健全环保管理制度、加强环保宣传教育等。

成效评估：评估上述措施的实施效果，如污染物排放量减少的比例、环境质量改善的程度等。

9.3 应急报告

9.3.1 超标监测与加密监测

超标监测响应：一旦发现监测结果出现超标情况，火电企业应立即启动应急响应机制，加密监测频次，以便更准确地掌握污染物排放状况。

超标原因分析：在加密监测的同时，组织专业人员对超标原因进行深入分析，排查污染源，明确污染物超标排放的具体环节和因素。

9.3.2 事故分析报告提交

报告提交条件：如果经过分析判断，短期内无法实现稳定达标排放，火电企业应立即向生态环境主管部门提交事故分析报告。

报告内容：首先，事故分析报告应详细说明事故发生的时间、地点、原因、影响范围及程度；其次，要阐述已经采取或计划采取的减轻污染或防止污染的措施；最后，提出今后的预防及改进措施，确保类似问题不再发生。

9.3.3 突发事件应对与报告

应急措施：若因发生事故或其他突发事件，导致排放的污水可能危及城镇排水与污水处理设施的安全运行，火电企业应立即启动应急预案，采取有效措施消除或减轻危害。

及时报告：在采取应急措施的同时，火电企业应及时向城镇排水主管部门和生态环境主管部门等有关部门报告事故情况（包括事故原因、影响范围、已采取的措施及后续处理计划等）。

9.3.4 后续跟踪与改进

整改落实：根据生态环境主管部门的要求，火电企业应认真整改超标排放或突发事件中暴露的问题，确保整改措施落实到位。

持续改进：火电企业应不断总结经验教训，完善自行监测体系和应急管理制度，提高应对超标排放和突发事件的能力。

信息公开：在合法合规的前提下，火电企业可适当公开事故分析报告和整改情况，接受社会监督，提升企业环保形象。

通过建立和完善火电企业自行监测应急报告制度，可以有效提升火电企业应对超标排放和突发事件的能力，保障环境安全和公众健康。

9.4 信息公开

9.4.1 信息公开一般要求

排污单位作为生态环境保护的重要责任主体，其自行监测信息的公开是提升环境透明度、加强社会监督的重要手段。为确保信息公开的规范性和有效性，排污单位应严格按照《企业事业单位环境信息公开办法》及《国家重点监控企业自行监测及信息公开办法（试行）》的要求执行信息公开工作。

9.4.2 信息公开内容

对于国家重点监控企业及其他排污单位，信息公开内容主要包括但不限于：

基础信息：企业名称、组织机构代码、法定代表人、生产地址、联系方式、主要排放污染物，以及防治污染设施的建设和运行情况等基本信息。

自行监测方案：包括监测点位、监测因子、监测频次、监测方法、监测技术规范和依据等。

自行监测结果：定期发布污染物排放浓度、排放量等监测数据，以及超标排放情况（如有）。

未监测的解释说明：对于因故未能开展监测的时段或项目，应提供合理的解释说明。

污染防治设施运行情况：污染治理设施的运行状况、处理效率、运行时间、药剂消耗量等关键信息。

环境管理情况：企业环境管理制度、环保投入、环境风险防控措施等。

9.4.3 信息公开方式

网络平台：鼓励排污单位通过企业官方网站或地方生态环境部门指定的网站平台

公开环境信息，确保信息的及时性和广泛性。

政府公告：对于重要或敏感的环境信息，排污单位也可通过政府公告、新闻发布会等形式进行公开。

现场公示：在企业大门口或其他显著位置设置环境信息公开栏，便于公众现场查阅。

年报或其他报告：在企业年度环境报告、社会责任报告中包含环境信息公开内容，向利益相关方和社会公众全面展示企业环保工作。

9.4.4 非重点排污单位的信息公开要求

对于非重点排污单位，其信息公开要求通常由地方生态环境主管部门根据本地实际情况和生态环境管理需要具体确定。这些要求可能包括但不限于上述部分或全部内容，且可能在公开频次、公开渠道等方面有所调整。因此，非重点排污单位应密切关注地方生态环境部门的相关政策动态，确保按照要求履行信息公开义务。

参考文献

[1] 生态环境部. 中华人民共和国环境保护法[Z/OL]. 2014. https://www.mee.gov.cn/ywgz/fgbz/fl/201404/t20140425_271040.shtml.

[2] 生态环境部. 中华人民共和国水污染防治法[Z/OL]. 2018. https://www.mee.gov.cn/ywgz/fgbz/fl/200802/t20080229_118802.shtml.

[3] 生态环境部. 中华人民共和国大气污染防治法[Z/OL]. 2018. https://www.mee.gov.cn/ywgz/fgbz/fl/201811/t20181113_673567.shtml.

[4] 生态环境部. 中华人民共和国噪声污染防治法[Z/OL]. 2022. https://www.mee.gov.cn/ywgz/fgbz/fl/202112/t20211225_965275.shtml.

[5] 生态环境部. 中华人民共和国固体废物污染环境防治法[Z/OL]. 2020. https://www.mee.gov.cn/ywgz/fgbz/fl/202112/t20211225_965275.shtml.

[6] 生态环境部. 排污单位自行监测技术指南　总则[S/OL]. 2017. https://www.mee.gov.cn/ywgz/fgbz/bz/bzwb/shjbh/xgbzh/201705/t20170511_413871.shtml.

[7] 生态环境部. 排污单位自行监测技术指南　火力发电及锅炉[S/OL]. 2017. https://www.mee.gov.cn/ywgz/fgbz/bz/bzwb/shjbh/xgbzh/201705/t20170511_413873.shtml.

[8] 生态环境部. 国家重点监控企业自行监测及信息公开办法（试行）[Z/OL]. 2014. https://sthjj.czs.gov.cn/kjbz/hjbhbz/content_1207860.html.

[9] 生态环境部. 排污许可管理办法[Z/OL]. 2024. https://www.mee.gov.cn/xxgk2018/xxgk/xxgk02/202404/t20240408_1070139.html.

[10] 生态环境部. 一图读懂《关于进一步加强固定污染源监测监督管理的通知》[Z/OL]. 2023. https://www.mee.gov.cn/zcwj/zcjd/202303/t20230322_1021558.shtml.

[11] 生态环境部. 水质 pH 值的测定　电极法[S/OL]. 2021. https://www.mee.gov.cn/ywgz/fgbz/bz/bzwb/shjbh/xgbzh/202011/t20201127_810274.shtml.

[12] 生态环境部. 化学需氧量（COD_{Cr}）水质在线自动监测仪技术要求及检测方法[S/OL]. 2020. https://www.mee.gov.cn/ywgz/fgbz/bz/bzwb/jcffbz/201912/t20191227_751683.shtml.

[13] 生态环境部. 水质 浊度的测定 浊度计法[S/OL]. 2020. https://www.mee.gov.cn/ywgz/fgbz/bz/bzwb/jcffbz/202001/t20200102_756537.shtml.

[14] 生态环境部. 水质 样品的保存和管理技术规定[S/OL]. 2009. https://www.mee.gov.cn/ywgz/fgbz/bz/bzwb/jcffbz/200910/t20091010_162157.shtml.

[15] 生态环境部. 氨氮水质在线自动监测仪技术要求及检测方法[S/OL]. 2020. https://www.mee.gov.cn/ywgz/fgbz/bz/bzwb/jcffbz/201912/t20191227_751681.shtml.

[16] 生态环境部. 六价铬水质自动在线监测仪技术要求及检测方法[S/OL]. 2020. https://www.mee.gov.cn/ywgz/fgbz/bz/bzwb/jcffbz/201912/t20191227_751684.shtml.

[17] 生态环境部. 水污染源在线监测系统（COD_{Cr}、NH_3-N 等）安装技术规范[S/OL]. 2020. https://www.mee.gov.cn/ywgz/fgbz/bz/bzwb/jcffbz/201912/t20191227_ 751685. shtml.

[18] 生态环境部. 水污染源在线监测系统（COD_{Cr}、NH_3-N 等）数据有效性判别技术规范[S/OL]. 2020. https://www.mee.gov.cn/ywgz/fgbz/bz/bzwb/jcffbz/201912/t20191227_ 751686.shtml.

[19] 生态环境部. 水污染源在线监测系统（COD_{Cr}、NH_3-N 等）验收技术规范[S/OL]. 2020. https://www.mee.gov.cn/ywgz/fgbz/bz/bzwb/jcffbz/201912/t20191227_ 751687.shtml.

[20] 生态环境部. 水污染源在线监测系统（COD_{Cr}、NH_3-N 等）运行技术规范[S/OL]. 2020. https://www.mee.gov.cn/ywgz/fgbz/bz/bzwb/jcffbz/201912/t20191227_ 751679.shtml.

[21] 生态环境部. 污水综合排放标准[S/OL]. 1998. https://www.mee.gov.cn/ywgz/ fgbz/bz/bzwb/shjbh/swrwpfbz/199801/t19980101_66568.shtml.

[22] 生态环境部. 水质 样品的保存和管理技术规定[S/OL]. 2009. https://www.mee.gov.cn/ywgz/fgbz/bz/bzwb/jcffbz/200910/t20091010_162157.shtml.

[23] 生态环境部. 污染物在线监控（监测）系统数据传输标准[S/OL]. 2017. https://www. mee.gov.cn/ywgz/fgbz/bz/bzwb/other/qt/201706/t20170608_415697.shtml.

[24] 生态环境部. 污水监测技术规范[S/OL]. 2020. https://www.mee.gov.cn/ywgz/ fgbz/bz/bzwb/jcffbz/201912/t20191227_751689.shtml.

[25] 生态环境部. 功能区声环境质量自动监测技术规范[S/OL]. 2018. https://www.mee.gov.cn/ywgz/fgbz/bz/bzwb/jcffbz/201712/t20171220_428285.shtml.

[26] 生态环境部. 环境噪声监测技术规范 噪声测量值修正[S/OL]. 2015. https://www.mee.gov.cn/ywgz/fgbz/bz/bzwb/jcffbz/201411/t20141102_290994.shtml.

[27] 生态环境部. 环境噪声自动监测系统技术要求[S/OL]. 2018. https://www.mee. gov.cn/ywgz/fgbz/

bz/bzwb/jcffbz/201712/t20171220_428287.shtml.

[28] 生态环境部. 工业企业厂界环境噪声排放标准[S/OL]. 2008. https://www.mee.gov.cn/ywgz/fgbz/bz/bzwb/wlhj/hjzspfbz/200809/t20080918_128936.shtml.

[29] 生态环境部. 社会生活环境噪声排放标准[S/OL]. 2008. https://www.mee.gov.cn/ywgz/fgbz/bz/bzwb/wlhj/hjzspfbz/200809/t20080918_128937.shtml.

[30] 生态环境部. 声环境功能区划分技术规范[S/OL]. 2015. https://www.mee.gov.cn/ywgz/fgbz/bz/bzwb/wlhj/shjzlbz/201412/t20141211_292874.shtml.

[31] 生态环境部. 声环境质量标准[S/OL]. 2008. https://www.mee.gov.cn/ywgz/fgbz/bz/bzwb/wlhj/shjzlbz/200809/t20080917_128815.shtml.

[32] 生态环境部. 2023年中国噪声污染防治报告[S/OL]. 2023. https://www.mee.gov.cn/hjzl/sthjzk/hjzywr/202307/t20230728_1037443.shtml.

[33] 生态环境部. 地下水环境监测技术规范[S/OL]. 2021. https://www.mee.gov.cn/ywgz/fgbz/bz/bzwb/jcffbz/202012/t20201203_811333.shtml.

[34] 生态环境部. 工业企业土壤和地下水自行监测　技术指南（试行）[S/OL]. 2022. https://www.mee.gov.cn/ywgz/fgbz/bz/bzwb/jcffbz/202112/t20211206_963131.shtml.

[35] 生态环境部. 土壤环境监测技术规范[S/OL]. 2004. https://www.mee.gov.cn/ywgz/fgbz/bz/bzwb/jcffbz/200412/t20041209_63367.shtml.

[36] 生态环境部. 环境监测质量管理技术导则[S/OL]. 2011. https://www.mee.gov.cn/ywgz/fgbz/bz/bzwb/other/qt/201109/t20110914_217274.shtml.

[37] 生态环境部. 企业环境信息依法披露管理办法[S/OL]. 2022. https://www.mee.gov.cn/xxgk2018/xxgk/xxgk02/202112/t20211221_964837.html.

[38] 生态环境部. 危险废物贮存污染控制标准[S/OL]. 2023. https://www.mee.gov.cn/ywgz/fgbz/bz/bzwb/gthw/gtfwwrkzbz/202302/t20230224_1017500.shtml.

[39] 生态环境部. 排污单位自行监测技术指南　工业固体废物和危险废物治理[S/OL]. 2022. https://www. mee.gov.cn/ywgz/fgbz/bz/bzwb/jcffbz/202205/t20220517_982346.shtml.

[40] 生态环境部. 危险废物识别标志设置技术规范[S/OL]. 2023. https://www.mee.gov.cn/ywgz/fgbz/bz/bzwb/gthw/wxfwjbffbz/202302/t20230224_1017486.shtml.

[41] 河北省生态环境厅. 关于加快危险废物智能化环境监管平台建设的指导意见[Z/OL]. 2021. https://hbepb.hebei.gov.cn/hbhjt/zwgk/zc/101630149781367.html.

[42] 河北省生态环境厅. 关于进一步加快推进危险废物智能化环境监管建设的通知[Z/OL]. 2021. https://hbepb.hebei.gov.cn/hbhjt/zwgk/fdzdgknr/zdlyxxgk/gtfwyhxpgl/wxfwhjgl/ index_ 8.html.

[43] 中国环境监测总站. 关于印发《排污单位自行监测专项检查技术规程》的通知[Z/OL]. 2022.

[44] 王军霞，杨伟伟，刘通浩，等. 排污单位自行监测关键环节问题研究[J]. 环境影响评价，2019，41（1）：37-40.

[45] 李浩，淡立凯，张燕青. 浅谈环境监测仪器设备的规范管理[J]. 环境与发展，2014，26（8）：152-155.

[46] 夏新，米方卓，冯丹，等. 国家环境监测网质量体系的构建[J]. 中国环境监测，2016，32（4）：35-38.

[47] 张静，王华. 火电厂自行监测现状及建议[J]. 环境监控与预警，2017，9（4）：59-61.

[48] 陈健芝，唐婉婷，巫培山，等. 环境监测现存问题及质量管理对策研究[J]. 造纸装备及材料，2023，52（8）：154-156.

[49] 汤莉. 环境监测技术应用中的质量控制策略思考[J]. 皮革制作与环保科技，2023，4（15）：57-59.

[50] 迟颖，马忠锟. 环境监测仪器行业 2016 年发展综述[J]. 中国环保产业，2017（7）：8-14.

[51] 应钦兰. 探索排污企业自我监测的新思路[J]. 金华职业技术学院学报，2016，16（6）：59-62.

[52] 邓元秋. 浅析环境检测技术存在的问题及解决措施[J]. 中国设备工程，2023（12）：18-20.

[53] 张翠菊，魏翠英，高冬梅. 污染源现场监测的质量控制方法[J]. 环境与发展，2017，29（8）：174-175.

[54] 陈建明. 浅析烟气排放连续监测系统稳定可靠运行的保证措施[J]. 江苏电机工程，2009，28（2）：23-25.

[55] 韦海彬. 环境监测质量控制中存在的问题分析及解决对策[J]. 皮革制作与环保科技，2023，4（12）：44-46.

[56] 侯志锋. 安全生产应急管理体系建设问题研究[J]. 现代职业安全，2023（10）：62-65.

[57] 迟昊. 简述水质监测在环境工程中的意义及监测技术[J]. 皮革制作与环保科技，2023，4（9）：61-64.

[58] 佘晓坤. 金属铅有机纳米管分散固相萃取分析水中有机污染物的方法研究及应用[D]. 武汉：武汉理工大学，2016.

[59] 徐文青. Beckman AU5821 全自动生化分析仪检测性能验证[J]. 山西医药杂志，2019，48（20）：2550-2552.

[60] 秦华娟. 全面实施评审准则的实验室内部质量管理体系[J]. 职业与健康，2003（10）：70-71.

[61] 胡娟. 大气污染物排放许可中自行监测与报告程序研究[D]. 杭州：浙江农林大学，2018.

[62] 李波. 环境监测实验室质量控制重要性分析及对策探讨[J]. 广东化工，2015，42（11）：184-185.

[63] 袁香英. 利用加标回收率完成水环境的监测研究[J]. 环境科学与管理，2014，39（6）：129-131，151.

[64] 王维平. 环境监测中以原子荧光法测定砷和汞的探讨[J]. 皮革制作与环保科技，2023，4（18）：48-50.

[65] 张启月，李冬林，朱进风. 生态环境监测过程中的质量控制[J]. 黑龙江环境通报，2020，33（3）：52-53.

[66] 潘晓飞. 理化分析测试实验室仪器设备的管理[J]. 化学分析计量，2014，23（1）：92-94.

[67] 韦海彬. 环境监测质量控制中存在的问题分析及解决对策[J]. 皮革制作与环保科技，2023，4（12）：44-46.

[68] 陈红雨. 环境监测站实验室认可的实践与思考[J]. 四川环境，2006（6）：119-120，125.

[69] 娄峰. 国家“十三五”规划目标的监测评估分析[J]. 中国集体经济，2017（10）：9-10.

[70] 韦海彬. 环境监测质量控制中存在的问题分析及解决对策[J]. 皮革制作与环保科技，2023，4（12）：44-46.

[71] 蔡彩仁. 关于检测实验室仪器设备的规范管理[J]. 现代测量与实验室管理，2008（3）：42-45.

[72] 梁泉，张鑫. 水质环境监测及分析过程中的质量控制[J]. 化工管理，2021（29）：102-103.

[73] 周宇翔，卞华锋. 南通市国控企业自行监测和信息公开现状及相关问题的建议[J]. 环境与可持续发展，2016，41（5）：211-213.

[74] 查文龙. 废气在线比对监测中的常见问题分析[J]. 清洗世界，2023，39（1）：158-160.

[75] 《排污许可证申请与核发技术规范陶瓷砖瓦工业（征求意见稿）》编制说明[J]. 砖瓦世界，2018（7）：27-54.

[76] 牛腾赟. 某电厂发电设备可靠性建模及信息管理系统研究[D]. 保定：华北电力大学，2018.

[77] 蔡学建，杨玲. 关于社会第三方环境检测机构样品分析时效性的问题及建议[J]. 中小企业管理与科技（下旬刊），2019（11）：92-93.

[78] 寇俊. 检验报告的质量提升方法[J]. 电子产品可靠性与环境试验，2022，40（S1）：118-120.

[79] 陈斐，肖何欣. 地表水水质自动监测站运行维护及管理[J]. 广东化工，2021，48（7）：177-178.

[80] 王树民. 燃煤电厂近零排放综合控制技术及工程应用研究[D]. 北京：华北电力大学，2017.

[81] 杨莉. 基于可持续发展的我国电源结构优化研究[D]. 哈尔滨：哈尔滨工程大学，2010.

[82] 云慧，朱荣淑，王琨，等.《大气污染控制工程》实验课程建设探索与实践[J]. 广州化工，2022，50（22）：234-237.

[83] 邵朱强，刘力奇，廖诚. 共建清洁美丽世界之工业固体废物处理处置篇[J]. 中国环保产业，2022（5）：57-60.

[84] 王笑笑. 试论规范建设工程资料管理促进工程质量监管[J]. 工程质量，2021，39（1）：15-18.

[85] 李陈星，孙文益，陈海铭，等. 基于荧光探针的硝基芳香类爆炸物探测机理与材料研究进展[J].

广东化工，2023，50（3）：187-189.
[86] 谷丰. 工业排污单位噪声自行监测技术要点[J]. 绿色科技，2018（4）：140-143.
[87] 张岳洪. 海洋自动气象站现场检定校准方法的探讨[D]. 青岛：中国海洋大学，2011.
[88] 王晓兵. 我国环境规制绩效实证分析[D]. 新乡：河南师范大学，2011.
[89] 边归国. 环境污染事件调查报告格式与内容的研究[J]. 环境与可持续发展，2007（3）：60-63.
[90] 城镇排水与污水处理条例[N]. 人民日报，2014-02-07（8）.
[91] 马超. 排污单位自行监测的检查重点分析[J]. 环境科技，2019，32（5）：63-66.
[92] 荆永贺. 企业环境信息强制公开制度研究[D]. 南京：南京师范大学，2017.
[93] 王荣利，宋卫阳. 浅谈环境影响评价现状监测的有关问题[J]. 创新科技，2013（12）：26-27.
[94] 沈磊. 排污许可执行管理的要点[J]. 石油化工安全环保技术，2020，36（3）：9-12.
[95] 王妍，周跃. 基于环境统计调查制度获取环保产业数据的适用性分析[J]. 环境与可持续发展，2016，41（3）：45-48.
[96] 赵青. 我国企业环境信息传播失灵问题研究[D]. 重庆：重庆师范大学，2021.
[97] 程思莹. 中美公众参与环境影响评价法律制度的比较研究[D]. 哈尔滨：哈尔滨工程大学，2014.
[98] 宋国君，赵英煚，耿建斌，等. 中美燃煤火电厂空气污染物排放标准比较研究[J]，中国环境管理，2017（1）：21-28.
[99] 电力行业汽轮机标准化技术委员会. 火力发电厂节水导则（OL/T 783—2018）. 2018.
[100] 电力工业部华东电力设计院. 火力发电厂废水治理设计技术规程[M]. 北京：中国电力出版社出版，2007.

附　　录

附录 1　排污单位自行监测技术指南　总则

（HJ 819—2017）

前　言

为落实《中华人民共和国环境保护法》《中华人民共和国大气污染防治法》《中华人民共和国水污染防治法》，指导和规范排污单位自行监测工作，制定本标准。

本标准提出了排污单位自行监测的一般要求、监测方案制定、监测质量保证和质量控制、信息记录和报告的基本内容和要求。

本标准为首次发布。

本标准由环境保护部环境监测司、科技标准司提出并组织制订。

本标准主要起草单位：中国环境监测总站。

本标准环境保护部 2017 年 4 月 25 日批准。

本标准自 2017 年 6 月 1 日起实施。

本标准由环境保护部解释。

1 适用范围

本标准提出了排污单位自行监测的一般要求、监测方案制定、监测质量保证和质量控制、信息记录和报告的基本内容和要求。

排污单位可参照本标准在生产运行阶段对其排放的水、气污染物，噪声以及对其周边环境质量影响开展监测。

本标准适用于无行业自行监测技术指南的排污单位；行业自行监测技术指南中未规定的内容按本标准执行。

2 规范性引用文件

本标准引用了下列文件或其中的条款。凡是未注明日期的引用文件，其最新版本适用于本标准。

GB 12348　工业企业厂界环境噪声排放标准

GB/T 16157　固定污染源排气中颗粒物测定与气态污染物采样方法

HJ 2.1　环境影响评价技术导则　总纲

HJ 2.2　环境影响评价技术导则　大气环境

HJ/T 2.3　环境影响评价技术导则　地表水环境

HJ 2.4　环境影响评价技术导则　声环境

HJ/T 55　大气污染物无组织排放监测技术导则

HJ/T 75　固定污染源烟气排放连续监测技术规范（试行）

HJ/T 76　固定污染源烟气排放连续监测系统技术要求及检测方法（试行）

HJ/T 91　地表水和污水监测技术规范

HJ/T 92　水污染物排放总量监测技术规范

HJ/T 164　地下水环境监测技术规范

HJ/T 166　土壤环境监测技术规范

HJ/T 194　环境空气质量手工监测技术规范

HJ/T 353　水污染源在线监测系统安装技术规范（试行）

HJ/T 354　水污染源在线监测系统验收技术规范（试行）

HJ/T 355 水污染源在线监测系统运行与考核技术规范（试行）

HJ/T 356 水污染源在线监测系统数据有效性判别技术规范（试行）

HJ/T 397 固定源废气监测技术规范

HJ 442 近岸海域环境监测规范

HJ 493 水质 样品的保存和管理技术规定

HJ 494 水质 采样技术指导

HJ 495 水质 采样方案设计技术规定

HJ 610 环境影响评价技术导则 地下水环境

HJ 733 泄漏和敞开液面排放的挥发性有机物检测技术导则

《企业事业单位环境信息公开办法》（环境保护部令 第 31 号）

《国家重点监控企业自行监测及信息公开办法（试行）》（环发〔2013〕81 号）

3 术语和定义

下列术语和定义适用于本标准。

3.1 自行监测 self-monitoring

指排污单位为掌握本单位的污染物排放状况及其对周边环境质量的影响等情况，按照相关法律法规和技术规范，组织开展的环境监测活动。

3.2 重点排污单位 key pollutant discharging entity

指由设区的市级及以上地方人民政府环境保护主管部门商有关部门确定的本行政区域内的重点排污单位。

3.3 外排口监测点位 emission site

指用于监测排污单位通过排放口向环境排放废气、废水（包括向公共污水处理系统排放废水）污染物状况的监测点位。

3.4 内部监测点位 internal monitoring site

指用于监测污染治理设施进口、污水处理厂进水等污染物状况的监测点位，或监测工艺过程中影响特定污染物产生排放的特征工艺参数的监测点位。

4 自行监测的一般要求

4.1 制定监测方案

排污单位应查清所有污染源，确定主要污染源及主要监测指标，制定监测方案。监测方案内容包括：单位基本情况、监测点位及示意图、监测指标、执行标准及其限值、监测频次、采样和样品保存方法、监测分析方法和仪器、质量保证与质量控制等。

新建排污单位应当在投入生产或使用并产生实际排污行为之前完成自行监测方案的编制及相关准备工作。

4.2 设置和维护监测设施

排污单位应按照规定设置满足开展监测所需要的监测设施。废水排放口，废气（采样）监测平台、监测断面和监测孔的设置应符合监测规范要求。监测平台应便于开展监测活动，应能保证监测人员的安全。

废水排放量大于 100 t/d 的，应安装自动测流设施并开展流量自动监测。

4.3 开展自行监测

排污单位应按照最新的监测方案开展监测活动，可根据自身条件和能力，利用自有人员、场所和设备自行监测；也可委托其他有资质的检（监）测机构代其开展自行监测。

持有排污许可证的企业自行监测年度报告内容可以在排污许可证年度执行报告中体现。

4.4 做好监测质量保证与质量控制

排污单位应建立自行监测质量管理制度，按照相关技术规范要求做好监测质量保证与质量控制。

4.5 记录和保存监测数据

排污单位应做好与监测相关的数据记录，按照规定进行保存，并依据相关法规向社会公开监测结果。

5 监测方案制定

5.1 监测内容

5.1.1 污染物排放监测

包括废气污染物（以有组织或无组织形式排入环境）、废水污染物（直接排入环境或排入公共污水处理系统）及噪声污染等。

5.1.2 周边环境质量影响监测

污染物排放标准、环境影响评价文件及其批复或其他环境管理有明确要求的，排污单位应按照要求对其周边相应的空气、地表水、地下水、土壤等环境质量开展监测；其他排污单位根据实际情况确定是否开展周边环境质量影响监测。

5.1.3 关键工艺参数监测

在某些情况下，可以通过对与污染物产生和排放密切相关的关键工艺参数进行测试以补充污染物排放监测。

5.1.4 污染治理设施处理效果监测

若污染物排放标准等环境管理文件对污染治理设施有特别要求的，或排污单位认为有必要的，应对污染治理设施处理效果进行监测。

5.2 废气排放监测

5.2.1 有组织排放监测

5.2.1.1 确定主要污染源和主要排放口

符合以下条件的废气污染源为主要污染源：

a）单台出力 14 MW 或 20 t/h 及以上的各种燃料的锅炉和燃气轮机组；

b）重点行业的工业炉窑（水泥窑、炼焦炉、熔炼炉、焚烧炉、熔化炉、铁矿烧结炉、加热炉、热处理炉、石灰窑等）；

c）化工类生产工序的反应设备（化学反应器/塔、蒸馏/蒸发/萃取设备等）；

d）其他与上述所列相当的污染源。

符合以下条件的废气排放口为主要排放口：

a）主要污染源的废气排放口；

b）“排污许可证申请与核发技术规范”确定的主要排放口；

c）对于多个污染源共用一个排放口的，凡涉及主要污染源的排放口均为主要排放口。

5.2.1.2 监测点位

a）外排口监测点位：点位设置应满足GB/T 16157、HJ 75等技术规范的要求。净烟气与原烟气混合排放的，应在排气筒，或烟气汇合后的混合烟道上设置监测点位；净烟气直接排放的，应在净烟气烟道上设置监测点位，有旁路的旁路烟道也应设置监测点位。

b）内部监测点位设置：当污染物排放标准中有污染物处理效果要求时，应在进入相应污染物处理设施单元的进出口设置监测点位。当环境管理文件有要求，或排污单位认为有必要的，可设置开展相应监测内容的内部监测点位。

5.2.1.3 监测指标

各外排口监测点位的监测指标应至少包括所执行的国家或地方污染物排放（控制）标准、环境影响评价文件及其批复、排污许可证等相关管理规定明确要求的污染物指标。排污单位还应根据生产过程的原辅用料、生产工艺、中间及最终产品，确定是否排放纳入相关有毒有害或优先控制污染物名录中的污染物指标，或其他有毒污染物指标，这些指标也应纳入监测指标。

对于主要排放口监测点位的监测指标，符合以下条件的为主要监测指标：

a）二氧化硫、氮氧化物、颗粒物（或烟尘/粉尘）、挥发性有机物中排放量较大的污染物指标；

b）能在环境或动植物体内积蓄对人类产生长远不良影响的有毒污染物指标（存在有毒有害或优先控制污染物相关名录的，以名录中的污染物指标为准）；

c）排污单位所在区域环境质量超标的污染物指标。

内部监测点位的监测指标根据点位设置的主要目的确定。

5.2.1.4 监测频次

a）确定监测频次的基本原则

排污单位应在满足本标准要求的基础上，遵循以下原则确定各监测点位不同监测指标的监测频次：

1）不应低于国家或地方发布的标准、规范性文件、规划、环境影响评价文件及其批复等明确规定的监测频次；

2）主要排放口的监测频次高于非主要排放口；

3）主要监测指标的监测频次高于其他监测指标；

4）排向敏感地区的应适当增加监测频次；

5）排放状况波动大的，应适当增加监测频次；

6）历史稳定达标状况较差的需增加监测频次，达标状况良好的可以适当降低监测频次；

7）监测成本应与排污企业自身能力相一致，尽量避免重复监测。

b）原则上，外排口监测点位最低监测频次按照表 1 执行。废气烟气参数和污染物浓度应同步监测。

表 1　废气监测指标的最低监测频次

排污单位级别	主要排放口		其他排放口的监测指标
	主要监测指标	其他监测指标	
重点排污单位	月—季度	半年—年	半年—年
非重点排污单位	半年—年	年	年

注：为最低监测频次的范围，分行业排污单位自行监测技术指南中依据此原则确定各监测指标的最低监测频次。

c）内部监测点位的监测频次根据该监测点位设置目的、结果评价的需要、补充监测结果的需要等进行确定。

5.2.1.5　监测技术

监测技术包括手工监测、自动监测两种，排污单位可根据监测成本、监测指标以及监测频次等内容，合理选择适当的监测技术。

对于相关管理规定要求采用自动监测的指标，应采用自动监测技术；对于监测频次高、自动监测技术成熟的监测指标，应优先选用自动监测技术；其他监测指标，可选用手工监测技术。

5.2.1.6　采样方法

废气手工采样方法的选择参照相关污染物排放标准及 GB/T 16157、HJ/T 397 等执行。废气自动监测参照 HJ/T 75、HJ/T 76 执行。

5.2.1.7　监测分析方法

监测分析方法的选用应充分考虑相关排放标准的规定、排污单位的排放特点、污染物排放浓度的高低、所采用监测分析方法的检出限和干扰等因素。

监测分析方法应优先选用所执行的排放标准中规定的方法。选用其他国家、行业标准方法的，方法的主要特性参数（包括检出下限、精密度、准确度、干扰消除等）需符合标准要求。尚无国家和行业标准分析方法的，或采用国家和行业标准方法不能得到合格测定数据的，可选用其他方法，但必须做方法验证和对比实验，证明该方法主要特性参数的可靠性。

5.2.2 无组织排放监测

5.2.2.1 监测点位

存在废气无组织排放源的，应设置无组织排放监测点位，具体要求按相关污染物排放标准及 HJ/T 55、HJ 733 等执行。

5.2.2.2 监测指标

按本标准 5.2.1.3 执行。

5.2.2.3 监测频次

钢铁、水泥、焦化、石油加工、有色金属冶炼、采矿业等无组织废气排放较重的污染源，无组织废气每季度至少开展一次监测；其他涉及无组织废气排放的污染源每年至少开展一次监测。

5.2.2.4 监测技术

按本标准 5.2.1.5 执行。

5.2.2.5 采样方法

参照相关污染物排放标准及 HJ/T 55、HJ 733 执行。

5.2.2.6 监测分析方法

按本标准 5.2.1.7 执行。

5.3 废水排放监测

5.3.1 监测点位

5.3.1.1 外排口监测点位

在污染物排放标准规定的监控位置设置监测点位。

5.3.1.2 内部监测点位

按本标准 5.2.1.2 b）执行。

5.3.2 监测指标

符合以下条件的为各废水外排口监测点位的主要监测指标：

a）化学需氧量、五日生化需氧量、氨氮、总磷、总氮、悬浮物、石油类中排放量较大的污染物指标；

b）污染物排放标准中规定的监控位置为车间或生产设施废水排放口的污染物指标，以及有毒有害或优先控制污染物相关名录中的污染物指标；

c）排污单位所在流域环境质量超标的污染物指标。

其他要求按本标准 5.2.1.3 执行。

5.3.3 监测频次

5.3.3.1 监测频次确定的基本原则

按本标准 5.2.1.4 a）执行。

5.3.3.2 原则上，外排口监测点位最低监测频次按照表 2 执行。各排放口废水流量和污染物浓度同步监测。

表 2 废水监测指标的最低监测频次

排污单位级别	主要监测指标	其他监测指标
重点排污单位	日—月	季度—半年
非重点排污单位	季度	年

注：为最低监测频次的范围，在行业排污单位自行监测技术指南中依据此原则确定各监测指标的最低监测频次。

5.3.3.3 内部监测点位监测频次

按本标准 5.2.1.4 c）执行。

5.3.4 监测技术

按本标准 5.2.1.5 执行。

5.3.5 采样方法

废水手工采样方法的选择参照相关污染物排放标准及 HJ/T 91、HJ/T 92、HJ 493、HJ 494、HJ 495 等执行，根据监测指标的特点确定采样方法为混合采样方法或瞬时采样的方法，单次监测采样频次按相关污染物排放标准和 HJ/T 91 执行。污水自动监测采样方法参照 HJ/T 353、HJ/T 354、HJ/T 355、HJ/T 356 执行。

5.3.6 监测分析方法

按本标准 5.2.1.7 执行。

5.4 厂界环境噪声监测

5.4.1 监测点位

5.4.1.1 厂界环境噪声的监测点位置具体要求按 GB 12348 执行。

5.4.1.2 噪声布点应遵循以下原则：

a）根据厂内主要噪声源距厂界位置布点；

b）根据厂界周围敏感目标布点；

c）“厂中厂”是否需要监测根据内部和外围排污单位协商确定；

d）面临海洋、大江、大河的厂界原则上不布点；

e）厂界紧邻交通干线不布点；

f）厂界紧邻另一排污单位的，在临近另一排污单位侧是否布点由排污单位协商确定。

5.4.2 监测频次

厂界环境噪声每季度至少开展一次监测，夜间生产的要监测夜间噪声。

5.5 周边环境质量影响监测

5.5.1 监测点位

排污单位厂界周边的土壤、地表水、地下水、大气等环境质量影响监测点位参照排污单位环境影响评价文件及其批复及其他环境管理要求设置。

如环境影响评价文件及其批复及其他文件中均未作出要求，排污单位需要开展周边环境质量影响监测的，环境质量影响监测点位设置的原则和方法参照 HJ 2.1、HJ 2.2、HJ/T 2.3、HJ 2.4、HJ 610 等规定。各类环境影响监测点位设置按照 HJ/T 91、

HJ/T 164、HJ 442、HJ/T 194、HJ/T 166 等执行。

5.5.2 监测指标

周边环境质量影响监测点位监测指标参照排污单位环境影响评价文件及其批复等管理文件的要求执行，或根据排放的污染物对环境的影响确定。

5.5.3 监测频次

若环境影响评价文件及其批复等管理文件有明确要求的，排污单位周边环境质量监测频次按照要求执行。

否则，涉水重点排污单位地表水每年丰、平、枯水期至少各监测一次，涉气重点排污单位空气质量每半年至少监测一次，涉重金属、难降解类有机污染物等重点排污单位土壤、地下水每年至少监测一次。发生突发环境事故对周边环境质量造成明显影响的，或周边环境质量相关污染物超标的，应适当增加监测频次。

5.5.4 监测技术

按本标准 5.2.1.5 执行。

5.5.5 采样方法

周边水环境质量监测点采样方法参照 HJ/T 91、HJ/T 164、HJ 442 等执行。

周边大气环境质量监测点采样方法参照 HJ/T 194 等执行。

周边土壤环境质量监测点采样方法参照 HJ/T 166 等执行。

5.5.6 监测分析方法

按本标准 5.2.1.7 执行。

5.6 监测方案的描述

5.6.1 监测点位的描述

所有监测点位均应在监测方案中通过语言描述、图形示意等形式明确体现。描述内容包括监测点位的平面位置及污染物的排放去向等。废水监测点需明确其所在废水排放口、对应的废水处理工艺，废气排放监测点位需明确其在排放烟道的位置分布、对应的污染源及处理设施。

5.6.2 监测指标的描述

所有监测指标采用表格、语言描述等形式明确体现。监测指标应与监测点位相对应，监测指标内容包括每个监测点位应监测的指标名称、排放限值、排放限值的来源（如标准名称、编号）等。

国家或地方污染物排放（控制）标准、环境影响评价文件及其批复、排污许可证中的污染物，如排污单位确认未排放，监测方案中应明确注明。

5.6.3 监测频次的描述

监测频次应与监测点位、监测指标相对应，每个监测点位的每项监测指标的监测频次都应详细注明。

5.6.4 采样方法的描述

对每项监测指标都应注明其选用的采样方法。废水采集混合样品的，应注明混合样采样个数。废气非连续采样的，应注明每次采集的样品个数。废气颗粒物采样，应注明每个监测点位设置的采样孔和采样点个数。

5.6.5 监测分析方法的描述

对每项监测指标都应注明其选用的监测分析方法名称、来源依据、检出限等内容。

5.7 监测方案的变更

当有以下情况发生时，应变更监测方案：

a）执行的排放标准发生变化；

b）排放口位置、监测点位、监测指标、监测频次、监测技术任一项内容发生变化；

c）污染源、生产工艺或处理设施发生变化。

6 监测质量保证与质量控制

排污单位应建立并实施质量保证与控制措施方案，以自证自行监测数据的质量。

6.1 建立质量体系

排污单位应根据本单位自行监测的工作需求，设置监测机构，梳理监测方案制定、样品采集、样品分析、监测结果报出、样品留存、相关记录的保存等监测的各个环节中，为保证监测工作质量应制定的工作流程、管理措施与监督措施，建立自行监测质量体系。

质量体系应包括对以下内容的具体描述：监测机构，人员，出具监测数据所需仪器设备，监测辅助设施和实验室环境，监测方法技术能力验证，监测活动质量控制与质量保证等。

委托其他有资质的检（监）测机构代其开展自行监测的，排污单位不用建立监测质量体系，但应对检（监）测机构的资质进行确认。

6.2 监测机构

监测机构应具有与监测任务相适应的技术人员、仪器设备和实验室环境，明确监测人员和管理人员的职责、权限和相互关系，有适当的措施和程序保证监测结果准确可靠。

6.3 监测人员

应配备数量充足、技术水平满足工作要求的技术人员，规范监测人员录用、培训教育和能力确认/考核等活动，建立人员档案，并对监测人员实施监督和管理，规避人员因素对监测数据正确性和可靠性的影响。

6.4 监测设施和环境

根据仪器使用说明书、监测方法和规范等的要求，配备必要的如除湿机、空调、干湿度温度计等辅助设施，以使监测工作场所条件得到有效控制。

6.5 监测仪器设备和实验试剂

应配备数量充足、技术指标符合相关监测方法要求的各类监测仪器设备、标准物质和实验试剂。

监测仪器性能应符合相应方法标准或技术规范要求，根据仪器性能实施自校准或者检定/校准、运行和维护、定期检查。

标准物质、试剂、耗材的购买和使用情况应建立台账予以记录。

6.6 监测方法技术能力验证

应组织监测人员按照其所承担监测指标的方法步骤开展实验活动，测试方法的检出浓度、校准（工作）曲线的相关性、精密度和准确度等指标，实验结果满足方法相应的规定以后，方可确认该人员实际操作技能满足工作需求，能够承担测试工作。

6.7 监测质量控制

编制监测工作质量控制计划，选择与监测活动类型和工作量相适应的质控方法，包括使用标准物质、采用空白试验、平行样测定、加标回收率测定等，定期进行质控数据分析。

6.8 监测质量保证

按照监测方法和技术规范的要求开展监测活动，若存在相关标准规定不明确但又影响监测数据质量的活动，可编写《作业指导书》予以明确。

编制工作流程等相关技术规定，规定任务下达和实施，分析用仪器设备购买、验收、维护和维修，监测结果的审核签发、监测结果录入发布等工作的责任人和完成时限，确保监测各环节无缝衔接。

设计记录表格，对监测过程的关键信息予以记录并存档。

定期对自行监测工作开展的时效性、自行监测数据的代表性和准确性、管理部门检查结论和公众对自行监测数据的反馈等情况进行评估，识别自行监测存在的问题，及时采取纠正措施。管理部门执法监测与排污单位自行监测数据不一致的，以管理部门执法监测结果为准，作为判断污染物排放是否达标、自动监测设施是否正常运行的依据。

7 信息记录和报告

7.1 信息记录

7.1.1 手工监测的记录

7.1.1.1 采样记录：采样日期、采样时间、采样点位、混合取样的样品数量、采样器名称、采样人姓名等。

7.1.1.2 样品保存和交接：样品保存方式、样品传输交接记录。

7.1.1.3 样品分析记录：分析日期、样品处理方式、分析方法、质控措施、分析结果、分析人姓名等。

7.1.1.4 质控记录：质控结果报告单。

7.1.2 自动监测运维记录

包括自动监测系统运行状况、系统辅助设备运行状况、系统校准、校验工作等；仪器说明书及相关标准规范中规定的其他检查项目；校准、维护保养、维修记录等。

7.1.3 生产和污染治理设施运行状况

记录监测期间企业及各主要生产设施（至少涵盖废气主要污染源相关生产设施）运行状况（包括停机、启动情况）、产品产量、主要原辅料使用量、取水量、主要燃料消耗量、燃料主要成分、污染治理设施主要运行状态参数、污染治理主要药剂消耗情况等。日常生产中上述信息也需整理成台账保存备查。

7.1.4 固体废物（危险废物）产生与处理状况

记录监测期间各类固体废物和危险废物的产生量、综合利用量、处置量、贮存量、倾倒丢弃量，危险废物还应详细记录其具体去向。

7.2 信息报告

排污单位应编写自行监测年度报告，年度报告至少应包含以下内容：

a）监测方案的调整变化情况及变更原因；

b）企业及各主要生产设施（至少涵盖废气主要污染源相关生产设施）全年运行天数，各监测点、各监测指标全年监测次数、超标情况、浓度分布情况；

c）按要求开展的周边环境质量影响状况监测结果；

d）自行监测开展的其他情况说明；

e）排污单位实现达标排放所采取的主要措施。

7.3 应急报告

监测结果出现超标的，排污单位应加密监测，并检查超标原因。短期内无法实现稳定达标排放的，应向环境保护主管部门提交事故分析报告，说明事故发生的原因，采取减轻或防止污染的措施，以及今后的预防及改进措施等；若因发生事故或者其他突发事件，排放的污水可能危及城镇排水与污水处理设施安全运行的，应当立即采取措施消除危害，并及时向城镇排水主管部门和环境保护主管部门等有关部门报告。

7.4 信息公开

排污单位自行监测信息公开内容及方式按照《企业事业单位环境信息公开办法》及《国家重点监控企业自行监测及信息公开办法（试行）》执行。非重点排污单位的信息公开要求由地方环境保护主管部门确定。

8 监测管理

排污单位对其自行监测结果及信息公开内容的真实性、准确性、完整性负责。

排污单位应积极配合并接受环境保护主管部门的日常监督管理。

附录 2　火电厂大气污染物排放标准

（GB 13223—2011）

前　言

为贯彻《中华人民共和国环境保护法》《中华人民共和国大气污染防治法》《国务院关于落实科学发展观　加强环境保护的决定》等法律、法规，保护环境，改善环境质量，防治火电厂大气污染物排放造成的污染，促进火力发电行业的技术进步和可持续发展，制定本标准。

本标准规定了火电厂大气污染物排放浓度限值、监测和监控要求。

本标准中的污染物排放浓度均为质量浓度。

本标准首次发布于 1991 年，1996 年第一次修订，2003 年第二次修订。

本次修订的主要内容：

——调整了大气污染物排放浓度限值；

——规定了现有火电锅炉达到更加严格的排放浓度限值的时限；

——取消了全厂二氧化硫最高允许排放速率的规定；

——增设了燃气锅炉大气污染物排放浓度限值；

——增设了大气污染物特别排放限值。

火电厂排放的水污染物、恶臭污染物和环境噪声适用相应的国家污染物排放标准，产生固体废物的鉴别、处理和处置适用国家固体废物污染控制标准。

自本标准实施之日起，火电厂大气污染物排放控制按本标准的规定执行，不再执行国家污染物排放标准《火电厂大气污染物排放标准》（GB 13223—2003）中的相关规定。

地方省级人民政府对本标准未作规定的大气污染物项目，可以制定地方污染物排放标准；对本标准已作规定的大气污染物项目，可以制定严于本标准的地方污染物排放标准。

本标准由环境保护部科技标准司组织制定。

本标准起草单位：中国环境科学研究院、国电环境保护研究院。

本标准环境保护部 2011 年 7 月 18 日批准。

本标准自 2012 年 1 月 1 日起实施。

本标准由环境保护部解释。

1 适用范围

本标准规定了火电厂大气污染物排放浓度限值、监测和监控要求，以及标准的实施与监督等相关规定。

本标准适用于现有火电厂的大气污染物排放管理以及火电厂建设项目的环境影响评价、环境保护工程设计、竣工环境保护验收及其投产后的大气污染物排放管理。

本标准适用于使用单台出力 65 t/h 以上除层燃炉、抛煤机炉外的燃煤发电锅炉；各种容量的煤粉发电锅炉；单台出力 65 t/h 以上燃油、燃气发电锅炉；各种容量的燃气轮机组的火电厂；单台出力 65 t/h 以上采用煤矸石、生物质、油页岩、石油焦等燃料的发电锅炉，参照本标准中循环流化床火力发电锅炉的污染物排放控制要求执行。整体煤气化联合循环发电的燃气轮机组执行本标准中燃用天然气的燃气轮机组排放限值。

本标准不适用于各种容量的以生活垃圾、危险废物为燃料的火电厂。

本标准适用于法律允许的污染物排放行为。新设立污染源的选址和特殊保护区域内现有污染源的管理，按照《中华人民共和国大气污染防治法》《中华人民共和国水污染防治法》《中华人民共和国海洋环境保护法》《中华人民共和国固体废物污染环境防治法》《中华人民共和国环境影响评价法》等法律、法规和规章的相关规定执行。

2 规范性引用文件

本标准引用下列文件或其中的条款。凡是未注明日期的引用文件，其最新版本适用于本标准。

GB/T 16157 固定污染源排气中颗粒物测定与气态污染物采样方法

HJ/T 42 固定污染源排气中氮氧化物的测定 紫外分光光度法

HJ/T 43　固定污染源排气中氮氧化物的测定　盐酸萘乙二胺分光光度法

HJ/T 56　固定污染源排气中二氧化硫的测定　碘量法

HJ/T 57　固定污染源排气中二氧化硫的测定　定电位电解法

HJ/T 75　固定污染源烟气排放连续监测技术规范（试行）

HJ/T 76　固定污染源烟气排放连续监测系统技术要求及检测方法（试行）

HJ/T 373　固定污染源监测质量保证与质量控制技术规范（试行）

HJ/T 397　固定源废气监测技术规范

HJ/T 398　固定污染源排放烟气黑度的测定　林格曼烟气黑度图法

HJ 543　固定污染源废气　汞的测定　冷原子吸收分光光度法（暂行）

HJ 629　固定污染源废气　二氧化硫的测定　非分散红外吸收法

《污染源自动监控管理办法》（国家环境保护总局令　第 28 号）

《环境监测管理办法》（国家环境保护总局令　第 39 号）

3　术语和定义

下列术语和定义适用于本标准。

3.1　火电厂　thermal power plant

燃烧固体、液体、气体燃料的发电厂。

3.2　标准状态　standard condition

烟气在温度为 273 K，压力为 101 325 Pa 时的状态，简称“标态”。本标准中所规定的大气污染物浓度均指标准状态下干烟气的数值。

3.3　氧含量　oxygen content

燃料燃烧时，烟气中含有的多余的自由氧，通常以干基容积百分数表示。

3.4　现有火力发电锅炉及燃气轮机组　existing plant

指本标准实施之日前，建成投产或环境影响评价文件已通过审批的火力发电锅炉及燃气轮机组。

3.5　新建火力发电锅炉及燃气轮机组　new plant

指本标准实施之日起，环境影响评价文件通过审批的新建、扩建和改建的火力发电锅炉及燃气轮机组。

3.6 W形火焰炉膛 arch fired furnace

燃烧器置于炉膛前后墙拱顶，燃料和空气向下喷射，燃烧产物转折180°后从前后拱中间向上排出而形成W形火焰的燃烧空间。

3.7 重点地区 key region

指根据环境保护工作的要求，在国土开发密度较高，环境承载能力开始减弱，或大气环境容量较小、生态环境脆弱，容易发生严重大气环境污染问题而需要严格控制大气污染物排放的地区。

3.8 大气污染物特别排放限值 special limitation for air pollutants

指为防治区域性大气污染、改善环境质量、进一步降低大气污染源的排放强度、更加严格地控制排污行为而制定并实施的大气污染物排放限值，该限值的排放控制水平达到国际先进或领先程度，适用于重点地区。

4 污染物排放控制要求

4.1 自2014年7月1日起，现有火力发电锅炉及燃气轮机组执行表1规定的烟尘、二氧化硫、氮氧化物和烟气黑度排放限值。

4.2 自2012年1月1日起，新建火力发电锅炉及燃气轮机组执行表1规定的烟尘、二氧化硫、氮氧化物和烟气黑度排放限值。

4.3 自2015年1月1日起，燃煤锅炉执行表1规定的汞及其化合物污染物排放限值。

4.4 重点地区的火力发电锅炉及燃气轮机组执行表2规定的大气污染物特别排放限值。

执行大气污染物特别排放限值的具体地域范围、实施时间，由国务院环境保护行政主管部门规定。

4.5 在现有火力发电锅炉及燃气轮机组运行、建设项目竣工环保验收及其后的运行过程中，负责监管的环境保护行政主管部门，应对周围居住、教学、医疗等用途的敏感区域环境质量进行监测。建设项目的具体监控范围为环境影响评价确定的周围敏感区域；未进行过环境影响评价的现有火力发电企业，监控范围由负责监管的环境保护行政主管部门，根据企业排污的特点和规律及当地的自然、气象条件等因素，参照相关环境影响评价技术导则确定。地方政府应对本辖区环境质量负责，采取措施确保环境状况符合环境质量标准要求。

表 1 火力发电锅炉及燃气轮机组大气污染物排放浓度限值

单位：mg/m^3（烟气黑度除外）

序号	燃料和热能转化设施类型	污染物项目	适用条件	限值	污染物排放监控位置
1	燃煤锅炉	烟尘	全部	30	烟囱或烟道
		二氧化硫	新建锅炉	100 200(1)	
			现有锅炉	200 400(1)	
		氮氧化物（以 NO_2 计）	全部	100 200(2)	
		汞及其化合物	全部	0.03	
2	以油为燃料的锅炉或燃气轮机组	烟尘	全部	30	
		二氧化硫	新建锅炉及燃气轮机组	100	
			现有锅炉及燃气轮机组	200	
		氮氧化物（以 NO_2 计）	新建锅炉	100	
			现有锅炉	200	
			燃气轮机组	120	
3	以气体为燃料的锅炉或燃气轮机组	烟尘	天然气锅炉及燃气轮机组	5	
			其他气体燃料锅炉及燃气轮机组	10	
		二氧化硫	天然气锅炉及燃气轮机组	35	
			其他气体燃料锅炉及燃气轮机组	100	
		氮氧化物（以 NO_2 计）	天然气锅炉	100	
			其他气体燃料锅炉	200	
			天然气燃气轮机组	50	
			其他气体燃料燃气轮机组	120	
4	燃煤锅炉，以油、气体为燃料的锅炉或燃气轮机组	烟气黑度（林格曼黑度）/级	全部	1	烟囱排放口

注：（1）位于广西壮族自治区、重庆市、四川省和贵州省的火力发电锅炉执行该限值。

（2）采用 W 形火焰炉膛的火力发电锅炉，现有循环流化床火力发电锅炉，以及 2003 年 12 月 31 日前建成投产或通过建设项目环境影响报告书审批的火力发电锅炉执行该限值。

表 2 大气污染物特别排放限值

单位：mg/m^3（烟气黑度除外）

序号	燃料和热能转化设施类型	污染物项目	适用条件	限值	污染物排放监控位置
1	燃煤锅炉	烟尘	全部	20	烟囱或烟道
		二氧化硫	全部	50	
		氮氧化物（以 NO_2 计）	全部	100	
		汞及其化合物	全部	0.03	
2	以油为燃料的锅炉或燃气轮机组	烟尘	全部	20	
		二氧化硫	全部	50	
		氮氧化物（以 NO_2 计）	燃油锅炉	100	
			燃气轮机组	120	
3	以气体为燃料的锅炉或燃气轮机组	烟尘	全部	5	
		二氧化硫	全部	35	
		氮氧化物（以 NO_2 计）	燃气锅炉	100	
			燃气轮机组	50	
4	燃煤锅炉，以油、气体为燃料的锅炉或燃气轮机组	烟气黑度（林格曼黑度）/级	全部	1	烟囱排放口

4.6 不同时段建设的锅炉，若采用混合方式排放烟气，且选择的监控位置只能监测混合烟气中的大气污染物浓度，则应执行各时段限值中最严格的排放限值。

5 污染物监测要求

5.1 污染物采样与监测要求

5.1.1 对企业排放废气的采样，应根据监测污染物的种类，在规定的污染物排放监控位置进行，有废气处理设施的，应在该设施后监控。在污染物排放监控位置须设置规范的永久性测试孔、采样平台和排污口标志。

5.1.2　新建和现有火力发电锅炉及燃气轮机组安装污染物排放自动监控设备的要求，应按有关法律和《污染源自动监控管理办法》的规定执行。

5.1.3　污染物排放自动监控设备通过验收并正常运行的，应按照 HJ/T 75 和 HJ/T 76 的要求，定期对自动监控设备进行监督考核。

5.1.4　对企业污染物排放情况进行监测的采样方法、采样频次、采样时间和运行负荷等要求，按 GB/T 16157 和 HJ/T 397 的规定执行。

5.1.5　火电厂大气污染物监测的质量保证与质量控制，应按照 HJ/T 373 的要求进行。

5.1.6　企业应按照有关法律和《环境监测管理办法》的规定，对排污状况进行监测，并保存原始监测记录。

5.1.7　对火电厂大气污染物排放浓度的测定采用表 3 所列的方法标准。

表 3　火电厂大气污染物浓度测定方法标准

序号	污染物项目	方法标准名称	方法标准编号
1	烟　尘	固定污染源排气中颗粒物测定与气态污染物采样方法	GB/T 16157
2	烟气黑度	固定污染源排放烟气黑度的测定　林格曼烟气黑度图法	HJ/T 398
3	二氧化硫	固定污染源排气中二氧化硫的测定　碘量法	HJ/T 56
		固定污染源排气中二氧化硫的测定　定电位电解法	HJ/T 57
		固定污染源废气　二氧化硫的测定　非分散红外吸收法	HJ 629
4	氮氧化物	固定污染源排气中氮氧化物的测定　紫外分光光度法	HJ/T 42
		固定污染源排气中氮氧化物的测定　盐酸萘乙二胺分光光度法	HJ/T 43
5	汞及其化合物	固定污染源废气　汞的测定　冷原子吸收分光光度法（暂行）	HJ 543

5.2　大气污染物基准氧含量排放浓度折算方法

实测的火电厂烟尘、二氧化硫、氮氧化物和汞及其化合物排放浓度，必须执行 GB/T 16157 的规定，按式（1）折算为基准氧含量排放浓度。各类热能转化设施的基准氧含量按表 4 的规定执行。

表 4 基准氧含量

序号	热能转化设施类型	基准氧含量（O_2）/%
1	燃煤锅炉	6
2	燃油锅炉及燃气锅炉	3
3	燃气轮机组	15

$$\rho = \rho' \times \frac{21-\varphi(O_2)}{21-\varphi'(O_2)} \tag{1}$$

式中：ρ——大气污染物基准氧含量排放浓度，mg/m^3；

ρ'——实测的大气污染物排放浓度，mg/m^3；

$\varphi'(O_2)$——实测的氧含量，%；

$\varphi(O_2)$——基准氧含量，%。

6 实施与监督

6.1 本标准由县级以上人民政府环境保护行政主管部门负责监督实施。

6.2 在任何情况下，火力发电企业均应遵守本标准的大气污染物排放控制要求，采取必要措施保证污染防治设施正常运行。各级环保部门在对企业进行监督性检查时，可以现场即时采样或监测结果，作为判定排污行为是否符合排放标准以及实施相关环境保护管理措施的依据。

附录 3　污水综合排放标准

（GB 8978—1996）

为贯彻《中华人民共和国环境保护法》《中华人民共和国水污染防治法》和《中华人民共和国海洋环境保护法》，控制水污染，保护江河、湖泊、运河、渠道、水库和海洋等地面水以及地下水水质的良好状态，保障人体健康，维护生态平衡，促进国民经济和城乡建设的发展，特制定本标准。

1 主题内容与适用范围

1.1　主题内容

本标准按照污水排放去向，分年限规定了 69 种水污染物最高允许排放浓度及部分行业最高允许排水量。

1.2　适用范围

本标准适用于现有单位水污染物的排放管理，以及建设项目的环境影响评价、建设项目环境保护设施设计、竣工验收及其投产后的排放管理。

按照国家综合排放标准与国家行业排放标准不交叉执行的原则，造纸工业执行 GB 3544—92《造纸工业水污染物排放标准》，船舶执行 GB 3552—83《船舶污染物排放标准》，船舶工业执行 GB 4286—84《船舶工业污染物排放标准》，海洋石油开发工业执行 GB 4914—85《海洋石油开发工业含油污水排放标准》，纺织染整工业执行 GB 4287—92《纺织染整工业水污染物排放标准》，肉类加工工业执行 GB 13457—92《肉类加工工业水污染物排放标准》，合成氨工业执行 GB 13458—92《合成氨工业水污染物排放标准》，钢铁工业执行 GB 13456—92《钢铁工业水污染物排放标准》，航天推进剂使用执行 GB 14374—93《航天推进剂水污染物排放标准》，兵器工业执行 GB 14470.1～14470.3—93 和 GB 4274～4279—84《兵器工业水污染物排放标准》，磷肥工业执行 GB 15580—95《磷肥工业水污染物排放标准》，烧碱、聚氯乙烯工业执行 GB 15581—95《烧碱、聚氯乙烯工业水污染物排放标准》，其他水污染物排放均执行本标准。

1.3 本标准颁布后，新增加国家行业水污染物排放标准的行业，按其适用范围执行相应的国家水污染物行业标准，不再执行本标准。

2 引用标准

下列标准所包含的条文，通过在本标准中引用而构成为本标准的条文。本标准出版时，所示版本均为有效。所有标准都会被修订，使用本标准的各方应探讨使用下列标准最新版本的可能性。

GB 3097—82 海水水质标准

GB 3838—88 地面水环境质量标准

GB 8703—88 辐射防护规定

3 定义

3.1 污水

指在生产与生活活动中排放的水的总称。

3.2 排水量

指在生产过程中直接用于工艺生产的水的排放量。不包括间接冷却水、厂区锅炉、电站排水。

3.3 一切排污单位

指本标准适用范围所包括的一切排污单位。

3.4 其他排污单位

指在某一控制项目中，除所列行业外的一切排污单位。

4 技术内容

4.1 标准分级

4.1.1 排入 GB 3838 Ⅲ类水域（划定的保护区和游泳区除外）和排入 GB 3097 中二类海域的污水，执行一级标准。

4.1.2 排入 GB 3838 中Ⅳ、Ⅴ类水域和排入 GB 3097 中三类海域的污水，执行二级标准。

4.1.3 排入设置二级污水处理厂的城镇排水系统的污水，执行三级标准。

4.1.4 排入未设置二级污水处理厂的城镇排水系统的污水，必须根据排水系统出水受纳水域的功能要求，分别执行 4.1.1 和 4.1.2 的规定。

4.1.5 GB 3838 中Ⅰ、Ⅱ类水域和Ⅲ类水域中划定的保护区，GB 3097 中一类海域，禁止新建排污口，现有排污口应按水体功能要求，实行污染物总量控制，以保证受纳水体水质符合规定用途的水质标准。

4.2 标准值

4.2.1 本标准将排放的污染物按其性质及控制方式分为二类。

4.2.1.1 第一类污染物：不分行业和污水排放方式，也不分受纳水体的功能类别，一律在车间或车间处理设施排放口采样，其最高允许排放浓度必须达到本标准要求（采矿行业的尾矿坝出水口不得视为车间排放口）。

4.2.1.2 第二类污染物：在排污单位排放口采样，其最高允许排放浓度必须达到本标准要求。

4.2.2 本标准按年限规定了第一类污染物和第二类污染物最高允许排放浓度及部分行业最高允许排水量，分别为：

4.2.2.1 1997 年 12 月 31 日之前建设（包括改、扩建）的单位，水污染物的排放必须同时执行表 1、表 2、表 3 的规定。

表 1 第一类污染物最高允许排放浓度 单位：mg/L

序号	污染物	最高允许排放浓度
1	总汞	0.05
2	烷基汞	不得检出
3	总镉	0.1
4	总铬	1.5
5	六价铬	0.5
6	总砷	0.5
7	总铅	1.0
8	总镍	1.0
9	苯并[*a*]芘	0.000 03
10	总铍	0.005
11	总银	0.5
12	总α放射性	1 Bq/L
13	总β放射性	10 Bq/L

表 2 第二类污染物最高允许排放浓度 单位：mg/L

（1997 年 12 月 31 日之前建设的单位）

序号	污染物	适用范围	一级标准	二级标准	三级标准
1	pH（量纲一）	一切排污单位	6～9	6～9	6～9
2	色度（稀释倍数）	染料工业	50	180	—
		其他排污单位	50	80	—
3	悬浮物（SS）	采矿、选矿、选煤工业	100	300	—
		脉金选矿	100	500	—
		边远地区砂金选矿	100	800	—
		城镇二级污水处理厂	20	30	—
		其他排污单位	70	200	400
4	五日生化需氧量（BOD_5）	甘蔗制糖、苎麻脱胶、湿法纤维板工业	30	100	600
		甜菜制糖、酒精、味精、皮革、化纤浆粕工业	30	150	600
		城镇二级污水处理厂	20	30	—
		其他排污单位	30	60	300

序号	污染物	适用范围	一级标准	二级标准	三级标准
5	化学需氧量（COD）	甜菜制糖、焦化、合成脂肪酸、湿法纤维板、染料、洗毛、有机磷农药工业	100	200	1 000
		味精、酒精、医药原料药、生物制药、苎麻脱胶、皮革、化纤浆粕工业	100	300	1 000
		石油化工工业（包括石油炼制）	100	150	500
		城镇二级污水处理厂	60	120	—
		其他排污单位	100	150	500
6	石油类	一切排污单位	10	10	30
7	动植物油	一切排污单位	20	20	100
8	挥发酚	一切排污单位	0.5	0.5	2.0
9	总氰化合物	电影洗片（铁氰化合物）	0.5	5.0	5.0
		其他排污单位	0.5	0.5	1.0
10	硫化物	一切排污单位	1.0	1.0	2.0
11	氨氮	医药原料药、染料、石油化工工业	15	50	—
		其他排污单位	15	25	—
12	氟化物	黄磷工业	10	20	20
		低氟地区（水体含氟量<0.5mg/L）	10	20	30
		其他排污单位	10	10	20
13	磷酸盐(以P计)	一切排污单位	0.5	1.0	—
14	甲醛	一切排污单位	1.0	2.0	5.0
15	苯胺类	一切排污单位	1.0	2.0	5.0
16	硝基苯类	一切排污单位	2.0	3.0	5.0
17	阴离子表面活性剂（LAS）	合成洗涤剂工业	5.0	15	20
		其他排污单位	5.0	10	20
18	总铜	一切排污单位	0.5	1.0	2.0
19	总锌	一切排污单位	2.0	5.0	5.0
20	总锰	合成脂肪酸工业	2.0	5.0	5.0
		其他排污单位	2.0	2.0	5.0
21	彩色显影剂	电影洗片	2.0	3.0	5.0
22	显影剂及氧化物总量	电影洗片	3.0	6.0	6.0
23	元素磷	一切排污单位	0.1	0.3	0.3

序号	污染物	适用范围	一级标准	二级标准	三级标准
24	有机磷农药（以 P 计）	一切排污单位	不得检出	0.5	0.5
25	粪大肠菌群数	医院*、兽医院及医疗机构含病原体污水	500 个/L	1 000 个/L	5 000 个/L
		传染病、结核病医院污水	100 个/L	500 个/L	1 000 个/L
26	总余氯（采用氯化消毒的医院污水）	医院*、兽医院及医疗机构含病原体污水	＜0.5**	＞3（接触时间≥1 h）	＞2（接触时间≥1 h）
		传染病、结核病医院污水	＜0.5**	＞6.5（接触时间≥1.5 h）	＞5（接触时间≥1.5 h）

注：*指 50 个床位以上的医院。

**加氯消毒后须进行脱氯处理，达到本标准。

表 3　部分行业最高允许排水量

（1997 年 12 月 31 日之前建设的单位）

序号	行业类别			最高允许排水量或最低允许水重复利用率	
1	矿山工业	有色金属系统选矿		水重复利用率 75%	
		其他矿山工业采矿、选矿、选煤等		水重复利用率 90%（选煤）	
		脉金选矿	重选	16.0 m^3/t（矿石）	
			浮选	9.0 m^3/t（矿石）	
			氰化	8.0 m^3/t（矿石）	
			碳浆	8.0 m^3/t（矿石）	
2	焦化企业（煤气厂）			1.2 m^3/t（焦炭）	
3	有色金属冶炼及金属加工			水重复利用率 80%	
4	石油炼制工业（不包括直排水炼油厂） 加工深度分类： A．燃料型炼油厂 B．燃料＋润滑油型炼油厂 C．燃料＋润滑油型＋炼油化工型炼油厂 （包括加工高含硫原油页岩油和石油添加剂生产基地的炼油厂）			A	＞500 万 t，1.0 m^3/t（原油） 250 万～500 万 t，1.2 m^3/t（原油） ＜250 万 t，1.5 m^3/t（原油）
				B	＞500 万 t，1.5 m^3/t（原油） 250 万～500 万 t，2.0 m^3/t（原油） ＜250 万 t，2.0 m^3/t（原油）
				C	＞500 万 t，2.0 m^3/t（原油） 250 万～500 万 t，2.5 m^3/t（原油） ＜250 万 t，2.5 m^3/t（原油）
5	合成洗涤剂工业	氯化法生产烷基苯		200.0 m^3/t（烷基苯）	
		裂解法生产烷基苯		70.0 m^3/t（烷基苯）	
		烷基苯生产合成洗涤剂		10.0 m^3/t（产品）	

序号	行业类别			最高允许排水量或最低允许水重复利用率
6	合成脂肪酸工业			200.0 m^3/t（产品）
7	湿法生产纤维板工业			30.0 m^3/t（板）
8	制糖工业	甘蔗制糖		10.0 m^3/t（甘蔗）
		甜菜制糖		4.0 m^3/t（甜菜）
9	皮革工业	猪盐湿皮		60.0 m^3/t（原皮）
		牛干皮		100.0 m^3/t（原皮）
		羊干皮		150.0 m^3/t（原皮）
10	发酵、酿造工业	酒精工业	以玉米为原料	100.0 m^3/t（酒精）
			以薯类为原料	80.0 m^3/t（酒精）
			以糖蜜为原料	70.0 m^3/t（酒精）
		味精工业		600.0 m^3/t（味精）
		啤酒工业（排水量不包括麦芽水部分）		16.0 m^3/t（啤酒）
11	铬盐工业			5.0 m^3/t（产品）
12	硫酸工业（水洗法）			15.0 m^3/t（硫酸）
13	苎麻脱胶工业			500 m^3/t（原麻）或 750 m^3/t（精干麻）
14	化纤浆粕			本色：150 m^3/t（浆） 漂白：240 m^3/t（浆）
15	粘胶纤维工业（单纯纤维）	短纤维（棉型中长纤维、毛型中长纤维）		300 m^3/t（纤维）
		长纤维		800 m^3/t（纤维）
16	铁路货车洗刷			5.0 m^3/辆
17	电影洗片			5 m^3/1 000 m（35 mm 的胶片）
18	石油沥青工业			冷却池的水循环利用率 95%

4.2.2.2 1998 年 1 月 1 日起建设（包括改、扩建）的单位，水污染物的排放必须同时执行表 1、表 4、表 5 的规定。

4.2.2.3 建设（包括改、扩建）单位的建设时间，以环境影响评价报告书（表）批准日期为准划分。

4.3 其他规定

4.3.1 同一排放口排放两种或两种以上不同类别的污水，且每种污水的排放标准又不同时，其混合污水的排放标准按附录 A 计算。

4.3.2　工业污水污染物的最高允许排放负荷量按附录 B 计算。

4.3.3　污染物最高允许年排放总量按附录 C 计算。

4.3.4　对于排放含有放射性物质的污水，除执行本标准外，还须符合 GB 8703—88《辐射防护规定》。

表 4　第二类污染物最高允许排放浓度　单位：mg/L

序号	污染物	适用范围	一级标准	二级标准	三级标准
1	pH	一切排污单位	6～9	6～9	6～9
2	色度（稀释倍数）	一切排污单位	50	80	—
3	悬浮物（SS）	采矿、选矿、选煤工业	70	300	—
		脉金选矿	70	400	—
		边远地区砂金选矿	70	800	—
		城镇二级污水处理厂	20	30	—
		其他排污单位	70	150	400
4	五日生化需氧量（BOD_5）	甘蔗制糖、苎麻脱胶、湿法纤维板、染料、洗毛工业	20	60	600
		甜菜制糖、酒精、味精、皮革、化纤浆粕工业	20	100	600
		城镇二级污水处理厂	20	30	—
		其他排污单位	20	30	300
5	化学需氧量（COD）	甜菜制糖、合成脂肪酸、湿法纤维板、染料、洗毛、有机磷农药工业	100	200	1 000
		味精、酒精、医药原料药、生物制药、苎麻脱胶、皮革、化纤浆粕工业	100	300	1 000
		石油化工工业（包括石油炼制）	60	120	500
		城镇二级污水处理厂	60	120	—
		其他排污单位	100	150	500
6	石油类	一切排污单位	5	10	20
7	动植物油	一切排污单位	10	15	100

序号	污染物	适用范围	一级标准	二级标准	三级标准
8	挥发酚	一切排污单位	0.5	0.5	2.0
9	总氰化合物	一切排污单位	0.5	0.5	1.0
10	硫化物	一切排污单位	1.0	1.0	1.0
11	氨氮	医药原料药、染料、石油化工工业	15	50	—
		其他排污单位	15	25	—
12	氟化物	黄磷工业	10	15	20
		低氟地区（水体含氟量<0.5 mg/L）	10	20	30
		其他排污单位	10	10	20
13	磷酸盐（以P计）	一切排污单位	0.5	1.0	—
14	甲醛	一切排污单位	1.0	2.0	5.0
15	苯胺类	一切排污单位	1.0	2.0	5.0
16	硝基苯类	一切排污单位	2.0	3.0	5.0
17	阴离子表面活性剂（LAS）	一切排污单位	5.0	10	20
18	总铜	一切排污单位	0.5	1.0	2.0
19	总锌	一切排污单位	2.0	5.0	5.0
20	总锰	合成脂肪酸工业	2.0	5.0	5.0
		其他排污单位	2.0	2.0	5.0
21	彩色显影剂	电影洗片	1.0	2.0	3.0
22	显影剂及氧化物总量	电影洗片	3.0	3.0	6.0
23	元素磷	一切排污单位	0.1	0.1	0.3
24	有机磷农药（以P计）	一切排污单位	不得检出	0.5	0.5
25	乐果	一切排污单位	不得检出	1.0	2.0
26	对硫磷	一切排污单位	不得检出	1.0	2.0
27	甲基对硫磷	一切排污单位	不得检出	1.0	2.0
28	马拉硫磷	一切排污单位	不得检出	5.0	10

序号	污染物	适用范围	一级标准	二级标准	三级标准
29	五氯酚及五氯酚钠（以五氯酚计）	一切排污单位	5.0	8.0	10
30	可吸附有机卤化物（AOX）（以 Cl 计）	一切排污单位	1.0	5.0	8.0
31	三氯甲烷	一切排污单位	0.3	0.6	1.0
32	四氯化碳	一切排污单位	0.03	0.06	0.5
33	三氯乙烯	一切排污单位	0.3	0.6	1.0
34	四氯乙烯	一切排污单位	0.1	0.2	0.5
35	苯	一切排污单位	0.1	0.2	0.5
36	甲苯	一切排污单位	0.1	0.2	0.5
37	乙苯	一切排污单位	0.4	0.6	1.0
38	邻-二甲苯	一切排污单位	0.4	0.6	1.0
39	对-二甲苯	一切排污单位	0.4	0.6	1.0
40	间-二甲苯	一切排污单位	0.4	0.6	1.0
41	氯苯	一切排污单位	0.2	0.4	1.0
42	邻-二氯苯	一切排污单位	0.4	0.6	1.0
43	对-二氯苯	一切排污单位	0.4	0.6	1.0
44	对-硝基氯苯	一切排污单位	0.5	1.0	5.0
45	2，4-二硝基氯苯	一切排污单位	0.5	1.0	5.0
46	苯酚	一切排污单位	0.3	0.4	1.0
47	间-甲酚	一切排污单位	0.1	0.2	0.5
48	2,4-二氯酚	一切排污单位	0.6	0.8	1.0
49	2,4,6-三氯酚	一切排污单位	0.6	0.8	1.0
50	邻苯二甲酸二丁脂	一切排污单位	0.2	0.4	2.0
51	邻苯二甲酸二辛脂	一切排污单位	0.3	0.6	2.0
52	丙烯腈	一切排污单位	2.0	5.0	5.0
53	总硒	一切排污单位	0.1	0.2	0.5

序号	污染物	适用范围	一级标准	二级标准	三级标准
54	粪大肠菌群数	医院*、兽医院及医疗机构含病原体污水	500 个/L	1 000 个/L	5 000 个/L
		传染病、结核病医院污水	100 个/L	500 个/L	1 000 个/L
55	总余氯（采用氯化消毒的医院污水）	医院*、兽医院及医疗机构含病原体污水	<0.5**	>3（接触时间≥1 h）	>2（接触时间≥1 h）
		传染病、结核病医院污水	<0.5**	>6.5（接触时间≥1.5 h）	>5（接触时间≥1.5 h）
56	总有机碳（TOC）	合成脂肪酸工业	20	40	—
		苎麻脱胶工业	20	60	—
		其他排污单位	20	30	—

注：其他排污单位：指除在该控制项目中所列行业以外的一切排污单位。

*指 50 个床位以上的医院。

**加氯消毒后须进行脱氯处理，达到本标准。

表 5　部分行业最高允许排水量

（1998 年 1 月 1 日后建设的单位）

序号	行业类别				最高允许排水量或最低允许水重复利用率
1	矿山工业	有色金属系统选矿			水重复利用率 75%
		其他矿山工业采矿、选矿、选煤等			水重复利用率 90%（选煤）
		脉金选矿	重选		16.0 m^3/t（矿石）
			浮选		9.0 m^3/t（矿石）
			氰化		8.0 m^3/t（矿石）
			碳浆		8.0 m^3/t（矿石）
2	焦化企业（煤气厂）				1.2 m^3/t（焦炭）
3	有色金属冶炼及金属加工				水重复利用率 80%
4	石油炼制工业（不包括直排水炼油厂） 加工深度分类： A．燃料型炼油厂			A	>500 万 t，1.0 m^3/t（原油） 250 万～500 万 t，1.2 m^3/t（原油） <250 万 t，1.5 m^3/t（原油）
	B．燃料+润滑油型炼油厂			B	>500 万 t，1.5 m^3/t（原油） 250 万～500 万 t，2.0 m^3/t（原油） <250 万 t，2.0 m^3/t（原油）
	C．燃料+润滑油型+炼油化工型炼油厂（包括加工高含硫原油页岩油和石油添加剂生产基地的炼油厂）			C	>500 万 t，2.0 m^3/t（原油） 250 万～500 万 t，2.5 m^3/t（原油） <250 万 t，2.5 m^3/t（原油）

序号	行业类别			最高允许排水量或最低允许水重复利用率
5	合成洗涤剂工业	氯化法生产烷基苯		200.0 m^3/t（烷基苯）
		裂解法生产烷基苯		70.0 m^3/t（烷基苯）
		烷基苯生产合成洗涤剂		10.0 m^3/t（产品）
6	合成脂肪酸工业			200.0 m^3/t（产品）
7	湿法生产纤维板工业			30.0 m^3/t（板）
8	制糖工业	甘蔗制糖		10.0 m^3/t（甘蔗）
		甜菜制糖		4.0 m^3/t（甜菜）
9	皮革工业	猪盐湿皮		60.0 m^3/t（原皮）
		牛干皮		100.0 m^3/t（原皮）
		羊干皮		150.0 m^3/t（原皮）
10	发酵、酿造工业	酒精工业	以玉米为原料	100.0 m^3/t（酒精）
			以薯类为原料	80.0 m^3/t（酒精）
			以糖蜜为原料	70.0 m^3/t（酒精）
		味精工业		600.0 m^3/t（味精）
		啤酒行业（排水量不包括麦芽水部分）		16.0 m^3/t（啤酒）
11	铬盐工业			5.0 m^3/t（产品）
12	硫酸工业（水洗法）			15.0 m^3/t（硫酸）
13	苎麻脱胶工业			500.0 m^3/t（原麻）
				750 m^3/t（精干麻）
14	粘胶纤维工业单纯纤维	短纤维（棉型中长纤维、毛型中长纤维）		300.0 m^3/t（纤维）
		长纤维		800.0 m^3/t（纤维）
15	化纤浆粕			本色：150 m^3/t（浆）；漂白：240 m^3/t（浆）
16	制药工业医药原料药	青霉素		4 700 m^3/t（青霉素）
		链霉素		1 450 m^3/t（链霉素）
		土霉素		1 300 m^3/t（土霉素）
		四环素		1 900 m^3/t（四环素）
		洁霉素		9 200 m^3/t（洁霉素）
		金霉素		3 000 m^3/t（金霉素）
		庆大霉素		20 400 m^3/t（庆大霉素）
		维生素 C		1 200 m^3/t（维生素 C）

序号	行业类别		最高允许排水量或最低允许水重复利用率
16	制药工业医药原料药	氯霉素	2 700 m^3/t（氯霉素）
		新诺明	2 000 m^3/t（新诺明）
		维生素 B_1	3 400 m^3/t（维生素 B_1）
		安乃近	180 m^3/t（安乃近）
		非那西汀	750 m^3/t（非那西汀）
		呋喃唑酮	2 400 m^3/t（呋喃唑酮）
		咖啡因	1 200 m^3/t（咖啡因）
17	有机磷农药工业	乐果**	700 m^3/t（产品）
		甲基对硫磷（水相法）**	300 m^3/t（产品）
		对硫磷（P_2S_5 法）**	500 m^3/t（产品）
		对硫磷（$PSCl_3$ 法）**	550 m^3/t（产品）
		敌敌畏（敌百虫碱解法）	200 m^3/t（产品）
		敌百虫	40 m^3/t（产品）（不包括三氯乙醛生产废水）
		马拉硫磷	700 m^3/t（产品）
18	除*草剂工业	除草醚	5 m^3/t（产品）
		五氯酚钠	2 m^3/t（产品）
		五氯酚	4 m^3/t（产品）
		2 甲 4 氯	14 m^3/t（产品）
		2,4-D	4 m^3/t（产品）
		丁草胺	4.5 m^3/t（产品）
		绿麦隆（以 Fe 粉还原）	2 m^3/t（产品）
		绿麦隆（以 Na_2S 还原）	3 m^3/t（产品）
19	火力发电工业		3.5 $m^3/$（MW·h）
20	铁路货车洗刷		5.0 m^3/辆
21	电影洗片		5 m^3/1 000 m （35 mm 胶片）
22	石油沥青工业		冷却池的水循环利用率 95%

注：*产品按 100%浓度计。

**不包括 P_2S_5、$PSCl_3$、PCl_3 原料生产废水。

5 监测

5.1 采样点

采样点应按 4.2.1.1 及 4.2.1.2 第一、二类污染物排放口的规定设置，在排放口必须设置排放口标志、污水水量计量装置和污水比例采样装置。

5.2 采样频率

工业污水按生产周期确定监测频率。生产周期在 8 h 以内的，每 2 h 采样一次；生产周期大于 8 h 的，每 4 h 采样一次。其他污水采样，24 h 不少于 2 次。最高允许排放浓度按日均值计算。

5.3 排水量

以最高允许排水量或最低允许水重复利用率来控制，均以月均值计。

5.4 统计

企业的原材料使用量、产品产量等，以法定月报表或年报表为准。

5.5 测定方法

本标准采用的测定方法见表 6。

表 6 测定方法

序号	项　目	测定方法	方法来源
1	总汞	冷原子吸收光度法	GB 7468—87
2	烷基汞	气相色谱法	GB/T 14204—93
3	总镉	原子吸收分光光度法	GB 7475—87
4	总铬	高锰酸钾氧化-二苯碳酸二肼分光光度法	GB 7466—87
5	六价铬	二苯碳酸二肼分光光度法	GB 7467—87
6	总砷	二乙基二硫代氨基甲酸银分光光度法	GB 7485—87
7	总铅	原子吸收分光光度法	GB 7475—87

序号	项　目	测定方法	方法来源
8	总镍	火焰原子吸收分光光度法	GB 11912—89
		丁二酮肟分光光度法	GB 19910—89
9	苯并[a]芘	乙酰化滤纸层析荧光分光光度法	GB 11895—89
10	总铍	活性炭吸附-铬天菁 S 光度法	1）
11	总银	火焰原子吸收分光光度法	GB 11907—89
12	总 α	物理法	2）
13	总 β	物理法	2）
14	pH 值	玻璃电极法	GB 6920—86
15	色度	稀释倍数法	GB 11903—89
16	悬浮物	重量法	GB 11901—89
17	生化需氧量（BOD_5）	稀释与接种法	GB 7488—87
		重铬酸钾紫外光度法	待颁布
18	化学需氧量（COD）	重铬酸钾法	GB 11914—89
19	石油类	红外光度法	GB/T 16488—1996
20	动植物油	红外光度法	GB/T 16488—1996
21	挥发酚	蒸馏后用-4 氨基安替比林分光光度法	GB 7490—87
22	总氰化物	硝酸银滴定法	GB 7486—87
23	硫化物	亚甲基蓝分光光度法	GB/T 16489—1996
24	氨氮	钠氏试剂比色法	GB 7478—87
		蒸馏和滴定法	GB 7479—87
25	氟化物	离子选择电极法	GB 7484—87
26	磷酸盐	钼蓝比色法	1）
27	甲醛	乙酸丙酮分光光度法	GB 13197—91
28	苯胺类	N-（1-萘基）乙二胺偶氮分光光度法	GB 11889—89
29	硝基苯类	还原-偶氮比色法或分光光度法	1）
30	阴离子表面活性剂	亚甲蓝分光光度法	GB 7494—87
31	总铜	原子吸收分光光度法	GB 7475—87
		二乙基二硫化氨基甲酸钠分光光度法	GB 7474—87
32	总锌	原子吸收分光光度法	GB 7475—87
		双硫腙分光光度法	GB 7472—87
33	总锰	火焰原子吸收分光光度法	GB 11911—89
		高碘酸钾分光光度法	GB 11906—89

序号	项　目	测定方法	方法来源
34	彩色显影剂	169 成色剂法	3）
35	显影剂及氧化物总量	碘-淀粉比色法	3）
36	元素磷	磷钼蓝比色法	3）
37	有机磷农药（以 P 计）	有机磷农药的测定	GB 13192—91
38	乐果	气相色谱法	GB 13192—91
39	对硫磷	气相色谱法	GB 13192—91
40	甲基对硫磷	气相色谱法	GB 13192—91
41	马拉硫磷	气相色谱法	GB 13192—91
42	五氯酚及五氯酚钠（以五氯酚计）	气相色谱法 藏红 T 分光光度法	GB 8972—88 GB 9803—88
43	可吸附有机卤化物（AOX）（以 Cl 计）	微库仑法	GB/T 15959—95
44	三氯甲烷	气相色谱法	待颁布
45	四氯化碳	气相色谱法	待颁布
46	三氯乙烯	气相色谱法	待颁布
47	四氯乙烯	气相色谱法	待颁布
48	苯	气相色谱法	GB 11890—89
49	甲苯	气相色谱法	GB 11890—89
50	乙苯	气相色谱法	GB 11890—89
51	邻-二甲苯	气相色谱法	GB 11890—89
52	对-二甲苯	气相色谱法	GB 11890—89
53	间-二甲苯	气相色谱法	GB 11890—89
54	氯苯	气相色谱法	待颁布
55	邻-二氯苯	气相色谱法	待颁布
56	对-二氯苯	气相色谱法	待颁布
57	对-硝基氯苯	气相色谱法	GB 13194—91
58	2,4-二硝基氯苯	气相色谱法	GB 13194—91
59	苯酚	气相色谱法	待颁布
60	间-甲酚	气相色谱法	待颁布
61	2,4-二氯酚	气相色谱法	待颁布
62	2,4,6-三氯酚	气相色谱法	待颁布
63	邻苯二甲酸二丁酯	气相、液相色谱法	待制定

序号	项　目	测定方法	方法来源
64	邻苯二甲酸二辛酯	气相、液相色谱法	待制定
65	丙烯腈	气相色谱法	待制定
66	总硒	2,3-二氨基萘荧光法	GB 11902—89
67	粪大肠菌群数	多管发酵法	1）
68	余氯量	*N,N*-二乙基-1,4-苯二胺分光光度法	GB 11898—89
		N,N-二乙基-1,4-苯二胺滴定法	GB 11897—89
69	总有机碳（TOC）	非色散红外吸收法	待制定
		直接紫外荧光法	待制定

注：暂采用下列方法，待国家方法标准发布后，执行国家标准。
1）《水和废水监测分析方法（第三版）》，中国环境科学出版社，1989 年。
2）《环境监测技术规范（放射性部分）》，国家环境保护局。
3）详见附录 D。

6 标准实施监督

6.1 本标准由县级以上人民政府环境保护行政主管部门负责监督实施。

6.2 省、自治区、直辖市人民政府对执行国家水污染物排放标准不能保证达到水环境功能要求时，可以制定严于国家水污染物排放标准的地方水污染物排放标准，并报国家环境保护行政主管部门备案。

附　录　A
（标准的附录）

关于排放单位在同一个排污口排放两种或两种以上工业污水，且每种工业污水中同一污染物的排放标准又不同时，可采用如下方法计算混合排放时该污染物的最高允许排放浓度（$C_{混合}$）。

$$C_{混合}=\frac{\sum_{i=1}^{n}C_iQ_iY_i}{\sum_{i=1}^{n}Q_iY_i} \tag{A1}$$

式中：$C_{混合}$ ——混合污水某污染物最高允许排放浓度，mg/L；

C_i ——不同工业污水某污染物最高允许排放浓度，mg/L；

Q_i ——不同工业的最高允许排水量，m^3/t（产品）（本标准未作规定的行业，其最高允许排水量由地方环保部门与有关部门协商确定）；

Y_i ——分别为某种工业产品产量，t/d，（以月平均计）。

附 录 B
（标准的附录）

工业污水污染物最高允许排放负荷计算：

$$L_{负}=C\times Q\times 10^{-3} \tag{B1}$$

式中：$L_{负}$ ——工业污水污染物最高允许排放负荷，kg/t（产品）；

C ——某污染物最高允许排放浓度，mg/L；

Q ——某工业的最高允许排水量，m^3/t（产品）。

附 录 C
（标准的附录）

某污染物最高允许年排放总量的计算：

$$L_{总}=L_{负}\times Y\times 10^{-3} \tag{C1}$$

式中：$L_{总}$ ——某污染物最高允许年排放量，t/a；

$L_{负}$ ——某污染物最高允许排放负荷，kg/t（产品）；

Y ——核定的产品年产量，t（产品）/a。

附 录 D
（标准的附录）

D1 彩色显影剂总量的测定——169 成色剂法

洗片的综合废水中存在的彩色显影剂很难检测出来，国内外介绍的方法一般都仅适用于显影水洗水中的显影剂检测。本方法可以快速地测出综合废水中的彩色显影剂。当废水中同时存在多种彩色显影剂时，用此法测出的量是多种彩色显影剂的总量。

D1.1 原理

电影洗片废水中的彩色显影剂可被氧化剂氧化，其氧化物在碱性溶液中遇到水溶性成色剂时，立即偶合形成染料。不同结构的显影剂（TSS，CD-2，CD-3）与 169 成色剂偶合成染料时，其最大吸收的光谱波长均在 550 nm 处，并在 0～10 mg/L 范围内符合比耳定律。

以 TSS 为例，反应如右：

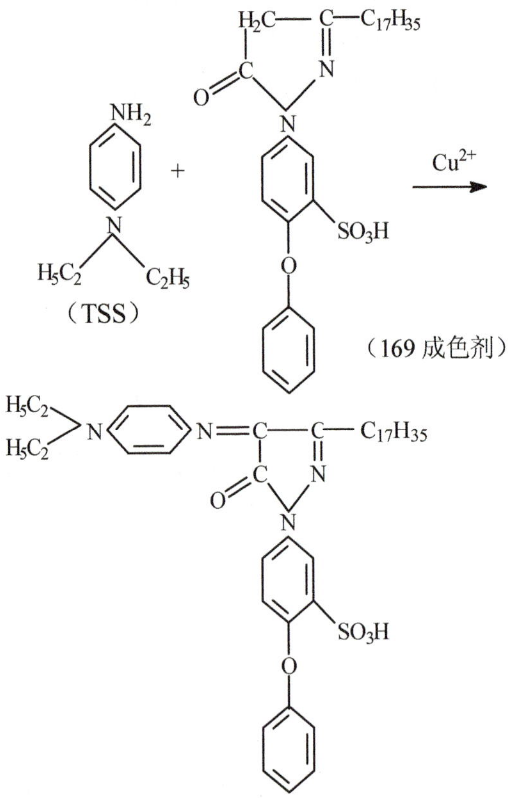

（品红染料）

D1.2 仪器及设备

721 型或类似型号分光光度计及 1 cm 比色槽。

50 ml、100 ml 及 1 000 ml 的容量瓶。

D1.3 试剂

D1.3.1 0.5%成色剂：称取 0.5 g 169 成色剂置于有 100 ml 蒸馏水

的烧杯中。在搅拌下，加入1～2粒氢氧化钠，使其完全溶解。

D1.3.2 混合氧化剂溶液：将 $CuSO_4 \cdot 5H_2O$ 0.5 g，Na_2CO_3 5.0 g，$NaNO_2$ 5.0 g 以及 NH_4Cl 5.0 g 依次溶解于 100 ml 蒸馏水中。

D1.3.3 标准溶液：精确称取照相级的彩色显影剂（生产中使用最多的一种）100 mg，溶解于少量蒸馏水中。其已溶入 100 mg Na_2SO_3 作保护剂，移入 1 L 容量瓶中，并加蒸馏水至刻度。此标准溶液相当 0.1mg/ ml，必须在使用前配制。

D1.4 步骤

D1.4.1 标准曲线的制作。

在 6 个 50 ml 容量瓶中，分别加入以下不同量的显影剂标准液。

编号	加入标准液的毫升数	相当显影剂含量/（mg/L）
0	0	0
1	1	2
2	2	4
3	3	6
4	4	8
5	5	10

以上 6 个容量瓶中皆加入 1 ml 成色剂溶液，并用蒸馏水加至刻度。分别加入 1 ml 混合氧化剂溶液，摇匀。在 5 min 内在分光光度计 550 nm 处测定其不同试样生成染料的光密度（以编号 0 为零），绘制不同显影剂含量的相应光密度曲线。横坐标为 2 mg/L，4 mg/L，6 mg/L，8 mg/L，10 mg/L。

D1.4.2 水样的测定。

取 2 份水样（一般为 20 ml）分别置于两个 50 ml 的容量瓶中。一个为测定水样，另一个为空白试验。在前者测定水样中加 1 ml 成色剂溶液。然后分别在两个瓶中加蒸馏水至刻度，其他步骤同标准曲线的制作。以空白液为零，测出水样的光密度，在标准曲线中查出相应的浓度。

D1.5 计算

$$\text{从标准曲线中查出的浓度} \times \frac{50}{a} = \text{废水中彩色显影剂的总量（mg/L）} \quad \text{（D1）}$$

式中：a ——废水取样的毫升数。

D1.6 注意事项

D1.6.1 生成的品红染料在 8 min 之内光密度是稳定的，故宜在染料生成后 5 min 之内测定。

D1.6.2 本方法不包括黑白显影剂。

D2 显影剂及其氧化物总量的测定方法

电影洗印废水中存在不同量的赤血盐漂白液，将排放的显影剂部分或全部氧化，因此，废水中一种情况是存在显影剂及其氧化物，另一种情况是只存在大量的氧化物而无显影剂。本方法测出的结果在第一种情况下是废水中显影剂及氧化物的总量，在第二种情况下是废水中原有显影剂氧化物的含量。

D2.1 原理

通常使用的显影剂，大都具有对苯二酚、对氨基酚、对苯二胺类的结构。经氧化水解后都能得到对苯二醌。利用溴或氯溴将显影剂氧化成显影剂氧化物，再用碘量法进行碘-淀粉比色法测定。

以米吐尔为例：

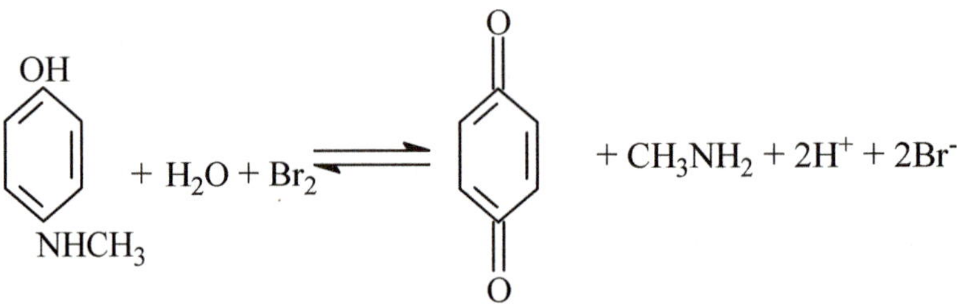

醌是较强的氧化剂。在酸性溶液中，碘离子定量还原对苯二醌为对苯二酚。所

释出的当量碘，可用淀粉发生蓝色进行比色测定。

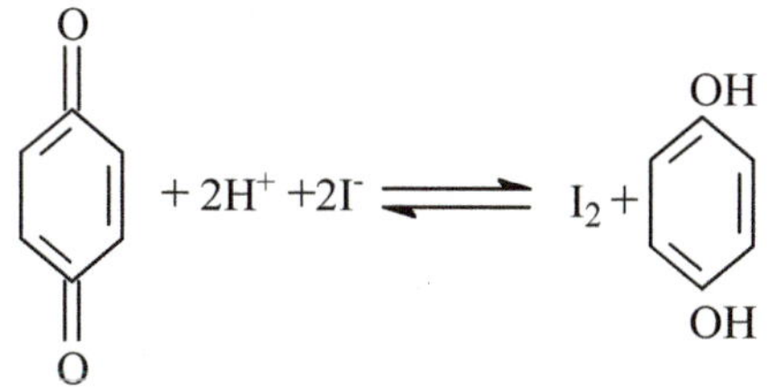

D2.2 仪器和设备

721 或类似型号分光光度计及 2 cm 比色槽，恒温水浴锅，50 ml 容量瓶，2 ml、5 ml 及 10 ml 刻度吸管。

D2.3 试剂

D2.3.1 0.1 N 溴酸钾-溴化钾溶液：称取 2.8 g 溴酸钾和 4.0 g 溴化钾，用蒸馏水稀释至 1 L。

D2.3.2 1∶1 磷酸：磷酸加一倍蒸馏水。

D2.3.3 饱和氯化钠溶液：称取 40 g 氯化钠，溶于 100 ml 蒸馏水中。

D2.3.4 20%溴化钾溶液：称取 20 g 溴化钾，溶于 100 ml 蒸馏水中。

D2.3.5 5%苯酚溶液：取苯酚 5 ml，溶于 100 ml 蒸馏水中。

D2.3.6 5%碘化钾溶液：称取 5 g 碘化钾，溶于 100 ml 蒸馏水中。（用时配制，放暗处）

D2.3.7 0.2%淀粉溶液：称 1 g 可溶性淀粉，加少量水搅匀，注入沸腾的 500 ml 水中，继续煮沸 5 min。夏季可加水杨酸 0.2 g。

D2.3.8 配制标准液：准确称取对苯二酚（分子量为 110.11 g）0.276 g，如果是照相级米吐尔（分子量为 344.40 g）可称取 0.861 g，照相级 TSS（分子量为 262.33 g）可称取 0.656 g，（或根据所使用药品的分子量及纯度另行计算），溶于 25 ml 的 6 N HCl 中，移入 250 ml 容量瓶中，用蒸馏水加至刻度。此溶液浓度为 0.010 0 M。

D2.4 步骤

D2.4.1 标准曲线的制作

D2.4.1.1 取标准液 25 ml，加蒸馏水稀释至 1 000 ml，此液浓度为 0.000 25 M，即每

毫升含对苯二酚 0.25 μmol（甲液）。

D2.4.1.2 取甲液 25 ml 用蒸馏水稀释至 250 ml，此溶液浓度为 0.000 025 M，即每毫升含对苯二酚 0.025 μmol（乙液）。

D2.4.1.3 取 6 个 50 ml 容量瓶，分别加入标准稀释液（乙液）0 μmol，0.1 μmol，0.2 μmol，0.3 μmol，0.4 μmol，0.5 μmol 对苯二酚（即 4.0，8.0，12.0，16.0，20.0 ml 乙液），加入适量蒸馏水，使各容量瓶中大约为 20 ml 溶液。

D2.4.1.4 用刻度吸管加入 1∶1 磷酸 2 ml。

D2.4.1.5 用吸管取饱和氯化钠溶液 5 ml。

D2.4.1.6 用吸管取 0.1 N 溴酸钾-溴化钾溶液 2 ml，尽可能不要沾在瓶壁上。用极少量的水冲洗瓶壁并摇匀。溶液应是氯溴的浅黄色。放入 35℃恒温水浴锅内，放置 15 min。

D2.4.1.7 吸取 20%溴化钾溶液 2 ml，沿瓶壁周围加入容量瓶中。摇匀后放在 35℃水溶中 5～10 min。

D2.4.1.8 用滴管快速加入 5%苯酚溶液 1 ml，立即摇匀，使溴的颜色褪去（如慢慢加入则易生成白色沉淀，无法比色）。

D2.4.1.9 降温；放自来水中降温 3 min。

D2.4.1.10 用吸管加入新配制的 5%碘化钾溶液 2 ml，冲洗瓶壁；放入暗柜 5 min。

D2.4.1.11 吸取 0.2%淀粉指示剂 10 ml，加入容量瓶中，用蒸馏水加至刻度，加盖摇匀后，放暗柜中 20 min。

D2.4.1.12 将发色试液分别放入 2 cm 比色槽中，在分光光度计 570 nm 处，以试剂空白为零，分别测出 5 个溶液的光密度，并绘制出标准曲线。横坐标为 0.1，0.2，0.3，0.4，0.5 μmol/50 ml。

D2.4.2 水样的测定

取水样适量（约 1～10 ml）放入 50 ml 容量瓶中，并加蒸馏水至 20 ml 左右，于另一个 50 ml 容量瓶中加 20 ml 蒸馏水作试剂空白。以下按步骤 D2.4.1.4～D2.4.1.12 进行，测出水样的光密度，在曲线上查出 50 ml 中所含微克分子数。

D2.4.3 需排除干扰的水样测定

当水样中含有六价铬离子而影响测定时，可用 $NaNO_2$ 将 Cr^{+6} 还原成 Cr^{+3}，用过量的尿素去除多余的 $NaNO_2$ 对本实验的干扰，即可达到消除铬干扰的目的。

准确取适量的水样（约 1～10 ml），放入 50 ml 容量瓶中，加入蒸馏水至 20 ml

左右，加入 1∶1 磷酸 2 ml，再加入 3 滴 10% $NaNO_2$，充分振荡，放入 35℃恒温水溶中 15 min。再加入 20%尿素 2 ml，充分振荡，放入 35℃水溶中 10 min。以下操作按步骤 D2.4.1.5～D2.4.1.12 进行，测出光密度，在曲线上查出 50 ml 中所含微克分子数。

D2.5 计算

水样中显影剂及氧化物总量 C（以对苯二酚计）按式（D2）计算：

$$C(\text{mg/L})=\frac{50\text{ml中微摩尔数}\times 110}{\text{取样体积(ml)}}\times 1\,000 \quad \text{(D2)}$$

D2.6 注意事项

D2.6.1 本试验步骤多，时间长，因此要求操作仔细认真。

D2.6.2 所用玻璃器皿必须用清洁液洗净。

D2.6.3 水浴温度要准确在 35℃±1℃，每个步骤反应时间要准确控制。

D2.6.4 加入溴酸钾-溴化钾后，必须用蒸馏水冲洗容量瓶壁，否则残留溴酸钾与碘化钾作用生成碘，使光密度增加。

D2.6.5 在无铬离子的废水中，水样可不必处理，直接进行测定。

D2.6.6 水样如太浓，则预先稀释再进行测定。

D3 元素磷的测定——磷钼蓝比色法

D3.1 原理

元素磷经苯萃取后氧化形成的钼磷酸为氯化亚锡还原成蓝色铬合物。灵敏度比钒钼磷酸比色法高，并且易于富集，富集后能提高元素磷含量小于 0.1 mg/L 时检测的可靠性，并减少干扰。

水样中含砷化物、硅化物和硫化物的量分别为元素磷含量的 100 倍、200 倍和 300 倍时，对本方法无明显干扰。

D3.2 仪器和试剂

D3.2.1 仪器：分光光度计：3 cm 比色皿

D3.2.2 比色管：50 ml

D3.2.3 分液漏斗：60 ml，125 ml，250 ml

D3.2.4 磨口锥形瓶：250 ml

D3.2.5 试剂：以下试剂均为分析纯：苯、高氯酸、溴酸钾、溴化钾、甘油、氯化亚锡、钼酸铵、磷酸二氢钾、乙酸丁酯、硫酸、硝酸、无水乙醇、酚酞指示剂。

D3.3 溶液的配制

D3.3.1 磷酸二氢钾标准溶液：准确称取 0.439 4 g 干燥过的磷酸二氢钾，溶于少量水中，移入 1 000 ml 容量瓶中，定容。此溶液 PO_4^{-3}-P 含量为 0.1 mg/ ml。取 10 ml 上述溶液于 1 000 ml 容量瓶中，定容，得到 PO_4^{-3}-P 含量为 1 μg/ ml 的磷酸二氢钾标准溶液。

D3.3.2 溴酸钾-溴化钾溶液：溶解 10 g 溴酸钾和 8 g 溴化钾于 400 ml 水中。

D3.3.3 2.5%钼酸铵溶液：称取 2.5 g 钼酸铵，加 1∶1 硫酸溶液 70 ml，待钼酸铵溶解后再加入 30 ml 水。

D3.3.4 2.5%氯化亚锡甘油溶液：溶解 2.5 g 氯化亚锡于 100 ml 甘油中（可在水浴中加热，促进溶解）。

D3.3.5 5%钼酸胺溶液：溶解 12.5 g 钼酸铵于 150 ml 水中，溶解后将此液缓慢地倒入 100 ml 1∶5 的硝酸溶液中。

D3.3.6 1%氯化亚锡溶液：溶解 1 g 氯化亚锡于 15 ml 盐酸中，加入 85 ml 水及 1.5 g 抗坏血酸。（可保存 4～5 天）

D3.3.7 1∶1 硫酸溶液、1∶5 硝酸溶液、20%氢氧化钠溶液。

D3.4 测定步骤

D3.4.1 废水中元素磷含量大于 0.05 mg/L 时，采取水相直接比色，按下列规定操作。

水样预处理

（a）萃取：移取 10～100 ml 水样于盛有 25 ml 苯的 125 ml 或 250 ml 的分液漏斗中，振荡 5 min 后静置分层。将水相移入另一盛有 15 ml 苯的分液漏斗中，振荡 2 min 后静置，弃去水相，将苯相并入第一支分液漏斗中。加入 15 ml 水，振荡 1 min 后静置，弃去水相，苯相重复操作水洗 6 次。

（b）氧化：在苯相中加入 10～15 ml 溴酸钾-溴化钾溶液，2 ml 1∶1 硫酸溶液振荡 5 min，静置 2 min 后加入 2 ml 高氯酸，再振荡 5 min，移入 250 ml 锥形瓶内，在电热板上缓缓加热以驱赶过量高氯酸和除溴（勿使样品溅出或蒸干），至白烟减少时，取下冷却。加入少量水及 1 滴酚酞指示剂，用 20%氢氧化钠溶液中和至呈粉红色，加 1 滴 1∶1 硫酸溶液至粉红色消失，移入容量瓶中，用蒸馏水稀释至刻度（据元素磷的含量确定稀释体积）。

D3.4.1.2 比色

移取适量上述的稀释液于 50 ml 比色管中，加 2 ml 2.5%钼酸胺溶液及 6 滴 2. 5%氯化亚锡甘油溶液，加水稀释至刻度，混匀，于 20～30℃放置 20～30 min，倾入 3 cm 比色皿中，在分光光度计 690 nm 波长处，以试剂空白为零，测光密度。

D3.41.3 直接比色工作曲线的绘制

（a）移取适量的磷酸二氢钾标准溶液，使 PO_4^{-3}-P 的含量分别为 0 μg，1 μg，3 μg，5 μg，7 μg……17 μg 于 50 ml 比色管中，测光密度。

（b）以 PO_4^{-3}—P 含量为横坐标，光密度为纵坐标，绘制直接比色工作曲线。

D3.4.2 废水中元素磷含量小于 0.05 mg/L。时，采用有机相萃取比色。按下列规定操作：

D3.4.2.1 水样预处理

萃取比色：移取适量的氧化稀释液于 60 ml 分液漏斗已含有 3 ml 的 1∶5 硝酸溶液中，加入 7 ml 15%钼酸胺溶液和 10 ml 醋酸丁酯，振荡 1 min，弃去水相，向有机相加 2 ml 1%氯化亚锡溶液，摇匀，再加入 1 ml 无水乙醇，轻轻转动分液漏斗，使水珠下降，放尽水相，将有机相倾入 3 cm 比色皿中，在分光光度计 630 或 720 nm 波长处，以试剂空白为零测光密度。

D3.4.2.2 有机相萃取比色工作曲线的绘制

（a）移取适量的磷酸二氢钾标准溶液，使 PO_4^{-3}-P 含量分别为 1 μg，2 μg，3 μg，4 μg，5 μg 于 60 ml 分液漏斗中，加入少量的水，以下按上节萃取比色步骤进行。

（b）以 PO_4^{-3}-P 含量为横坐标，光密度为纵坐标，绘制有机相萃取比色工作曲线。

D3.5 **计算：**

用式（D3）计算直接比色和有机相萃取比色测得 1 L。废水中元素磷的毫克数。

$$P=\frac{G}{\frac{V_1}{V_2}\times V_3} \tag{D3}$$

式中：G ——从工作曲线查得元素磷量，μg；

V_1 ——取废水水样体积，ml；

V_2 ——废水水样氧化后稀释体积，ml；

V_3 ——比色时取稀释液的体积，ml。

D3.6 精确度

平行测定两个结果的差数，不应超过较小结果的 10%。

取平行测定两个结果的算术平均值作为样品中元素磷的含量，测定结果取两位有效数字。

D3.7 样品保存

采样后调节水样 pH 值为 6～7，可于塑料瓶或玻璃瓶贮存 48 h。

附录 4 《固定污染源排气中颗粒物测定与气态污染物采样方法》（GB/T 16157—1996）修改单

为进一步完善国家环境监测分析方法标准，我部决定修改国家环境监测分析方法标准《固定污染源排气中颗粒物测定与气态污染物采样方法》（GB/T 16157—1996）。修改内容如下：

增加“1.3 在测定固定污染源排气中颗粒物浓度时，浓度小于等于 20 mg/m^3 时，适用 HJ 836（《固定污染源废气 低浓度颗粒物的测定 重量法》；浓度大于 20 mg/m^3 且不超过 50 mg/m^3 时，本标准与 HJ 836 同时适用。采用本标准测定浓度小于等于 20 mg/m^3 时，测定结果表述为‘＜20 mg/m^3’。”

附录 5　地表水和污水监测技术规范

（HJ/T 91—2002）

前　言

依据《中华人民共和国环境保护法》第十一条“国务院环境保护行政主管部门建立监测制度、制订监测规范”的要求，制订本技术规范。

本规范规定了地表水和污水监测的布点与采样、监测项目与相应的监测分析方法、流域监测、监测数据的处理与上报、污水流量计量方法、水质监测的质量保证、资料整编等内容。

本规范还规定了污染物总量控制监测、建设项目污水处理设施竣工环境保护验收监测、应急监测的基本方法。

本规范由国家环境保护总局科技标准司提出。

本规范由中国环境监测总站负责起草。

本规范委托中国环境监测总站负责解释。

本规范为首次发布，于 2003 年 1 月 1 日起实施。

1　范围

本规范适用于对江河、湖泊、水库和渠道的水质监测，包括向国家直接报送监测数据的国控网站、省级（自治区、直辖市）、市（地）级、县级控制断面（或垂线）的水质监测，以及污染源排放污水的监测。

2　引用标准

以下标准和规范所含条文，在本规范中被引用即构成本规范的条文，与本规范同效。

GB 6816—86 水质 词汇 第一部分和第二部分

GB 11607—89 渔业水质标准

GB 12997—91 水质 采样方案设计技术规定

GB 12998—91 水质 采样技术指导

GB 12999—91 水质采样 样品的保存和管理技术规定

GB 5084—92 农田灌溉水质标准

GB/T 14581—93 水质 湖泊和水库采样技术指导

GB 50179—93 河流流量测量规范

GB 15 562.1—1995 环境保护图形标志 排放口（源）

GB 8978—1996 污水综合排放标准

GB 3838—2002 地表水环境质量标准

HJ/T 15—1996 超声波明渠污水流量计

卫生部 卫法监发〔2001〕161 号文，生活饮用水卫生规范

ISO 555—1：1973 明渠中液流的测量 稳流测量的稀释法 第一部分 恒流注射法

ISO 555—2：1987 明渠中液流的测量 稳流测量的稀释法 第二部分 积分法

ISO 555—3：1987 明渠中液流的测量 稳流测量的稀释法 第三部分 恒流积分法和放射示踪剂积分法

ISO 748：1979 明渠中液流的测量 速度面积法

ISO 1070：1973 明渠中液流的测量 斜速面积法

当上述标准和规范被修订时，应使用其最新版本。

3 定义

3.1 潮汐河流

指受潮汐影响的入海河流。

3.2 水质监测

指为了掌握水环境质量状况和水系中污染物的动态变化，对水的各种特性指标取样、测定，并进行记录或发出信号的程序化过程。

3.3 流域

指江河湖库及其汇水来源各支流、干流和集水区域总称。

3.4　流域监测

指全流域水质及向流域中排污的污染源监测。

3.5　水污染事故

一般指污染物排入水体，给工、农业生产、人们的生活以及环境带来紧急危害的事故。

3.6　瞬时水样

指从水中不连续地随机（就时间和断面而言）采集的单一样品，一般在一定的时间和地点随机采取。

3.7　混合水样

3.7.1　等比例混合水样

指在某一时段内，在同一采样点位所采水样量随时间或流量成比例的混合水样。

3.7.2　等时混合水样

指在某一时段内，在同一采样点位（断面）按等时间间隔所采等体积水样的混合水样。

3.8　采样断面

指在河流采样时，实施水样采集的整个剖面。分背景断面、对照断面、控制断面和削减断面等。

3.8.1　背景断面

指为评价某一完整水系的污染程度，未受人类生活和生产活动影响，能够提供水环境背景值的断面。

3.8.2　对照断面

指具体判断某一区域水环境污染程度时，位于该区域所有污染源上游处，能够提供这一区域水环境本底值的断面。

3.8.3　控制断面

指为了解水环境受污染程度及其变化情况的断面。

3.8.4　削减断面

指工业废水或生活污水在水体内流经一定距离而达到最大程度混合，污染物受到稀释、降解，其主要污染物浓度有明显降低的断面。

3.9　入海口

指河流注入海洋的河段。

3.10 入河排污口

指向江河、湖泊、水库和渠道排放污水的直接排污口，包括支流、污染源和市政直接排污口。

3.11 自动采样

指通过仪器设备按预先编定的程序自动连续或间歇式采集水样的过程。

3.12 比例采样器

是一种特殊的自动水质采样器，它所采集的水样量可随时间或流量成一定比例，即能用任一时段所采混合水样来反映该时段的平均浓度的水质采样器。

3.13 油类

指矿物油和动植物油脂，即在 pH≤2 能够用规定的萃取剂萃取并测量的物质。

3.14 排污总量

指某一时段内从排污口排出的某种污染物的总量，是该时段内污水的总排放量与该污染物平均浓度的乘积、瞬时污染物浓度的时间积分值或排污系数统计值。

4 地表水监测的布点与采样

4.1 地表水监测断面的布设

4.1.1 监测断面的布设原则

监测断面在总体和宏观上须能反映水系或所在区域的水环境质量状况。各断面的具体位置须能反映所在区域环境的污染特征；尽可能以最少的断面获取足够的有代表性的环境信息；同时还需考虑实际采样时的可行性和方便性。

4.1.1.1 对流域或水系要设立背景断面、控制断面（若干）和入海口断面。对行政区域可设背景断面（对水系源头）或入境断面（对过境河流）或对照断面、控制断面（若干）和入海河口断面或出境断面。在各控制断面下游，如果河段有足够长度（至少 10 km），还应设削减断面。

4.1.1.2 根据水体功能区设置控制监测断面，同一水体功能区至少要设置 1 个监测断面。

4.1.1.3 断面位置应避开死水区、回水区、排污口处，尽量选择顺直河段、河床稳定、水流平稳，水面宽阔、无急流、无浅滩处。

4.1.1.4 监测断面力求与水文测流断面一致，以便利用其水文参数，实现水质监测与水量监测的结合。

4.1.1.5　监测断面的布设应考虑社会经济发展，监测工作的实际状况和需要，要具有相对的长远性。

4.1.1.6　流域同步监测中，根据流域规划和污染源限期达标目标确定监测断面（见第7章流域监测）。

4.1.1.7　河道局部整治中，监视整治效果的监测断面，由所在地区环境保护行政主管部门确定。

4.1.1.8　应急监测断面布设见第9章。

4.1.1.9　入海河口断面要设置在能反映入海河水水质并临近入海的位置。

4.1.2　监测断面的设置数量，应根据掌握水环境质量状况的实际需要，考虑对污染物时空分布和变化规律的了解、优化的基础上，以最少的断面、垂线和测点取得代表性最好的监测数据。

4.1.3　监测断面的设置方法

4.1.3.1　背景断面须能反映水系未受污染时的背景值。要求：基本上不受人类活动的影响，远离城市居民区、工业区、农药化肥施放区及主要交通路线。原则上应设在水系源头处或未受污染的上游河段，如选定断面处于地球化学异常区，则要在异常区的上、下游分别设置。如有较严重的水土流失情况，则设在水土流失区的上游。

4.1.3.2　入境断面，用来反映水系进入某行政区域时的水质状况，应设置在水系进入本区域且尚未受到本区域污染源影响处。

4.1.3.3　控制断面用来反映某排污区（口）排放的污水对水质的影响。应设置在排污区（口）的下游，污水与河水基本混匀处。

4.1.3.4　控制断面的数量、控制断面与排污区（口）的距离可根据以下因素决定：主要污染区的数量及其间的距离、各污染源的实际情况、主要污染物的迁移转化规律和其他水文特征等。此外，还应考虑对纳污量的控制程度，即由各控制断面所控制的纳污量不应小于该河段总纳污量的80%。如某河段的各控制断面均有五年以上的监测资料，可用这些资料进行优化，用优化结论来确定控制断面的位置和数量。

4.1.3.5　出境断面用来反映水系进入下一行政区域前的水质。因此应设置在本区域最后的污水排放口下游，污水与河水已基本混匀并尽可能靠近水系出境处。如在此行政区域内，河流有足够长度，则应设削减断面。削减断面主要反映河流对污染物的稀释净化情况，应设置在控制断面下游，主要污染物浓度有显著下降处。

4.1.3.6 省（自治区、直辖市）交界断面。省、自治区和直辖市内主要河流的干流、一、二级支流的交界断面，这是环境保护管理的重点断面。

4.1.3.7 其他各类监测断面

a. 水系的较大支流汇入前的河口处，以及湖泊、水库、主要河流的出、入口应设置监测断面。

b. 国际河流出、入国境的交界处应设置出境断面和入境断面。

c. 国务院环境保护行政主管部门统一设置省（自治区、直辖市）交界断面。

d. 对流程较长的重要河流，为了解水质、水量变化情况，经适当距离后应设置监测断面。

e. 水网地区流向不定的河流，应根据常年主导流向设置监测断面。

f. 对水网地区应视实际情况设置若干控制断面，其控制的径流量之和应不少于总径流量的 80%。

g. 有水工建筑物并受人工控制的河段，视情况分别在闸（坝、堰）上、下设置断面。如水质无明显差别，可只在闸（坝、堰）上设置监测断面。

h. 要使各监测断面能反映一个水系或一个行政区域的水环境质量。断面的确定应在详细收集有关资料和监测数据基础上，进行优化处理，将优化结果与布点原则和实际情况结合起来，作出决定。

i. 对于季节性河流和人工控制河流，由于实际情况差异很大，这些河流监测断面的确定，以及采样的频次与监测项目、监测数据的使用等，由各省（自治区、直辖市）环境保护行政主管部门自定。

4.1.3.8 潮汐河流监测断面的布设

a. 潮汐河流监测断面的布设原则与其他河流相同，设有防潮桥闸的潮汐河流，根据需要在桥闸的上、下游分别设置断面。

b. 根据潮汐河流的水文特征，潮汐河流的对照断面一般设在潮区界以上。若感潮河段潮区界在该城市管辖的区域之外，则在城市河段的上游设置一个对照断面。

c. 潮汐河流的消减断面，一般应设在近入海口处。若入海口处于城市管辖区域外，则设在城市河段的下游。

d. 潮汐河流的断面位置，尽可能与水文断面一致或靠近，以便取得有关的水文数据。

4.1.3.9 湖泊、水库监测垂线的布设

a. 湖泊、水库通常只设监测垂线，如有特殊情况可参照河流的有关规定设置监测

断面。

b. 湖（库）区的不同水域，如进水区、出水区、深水区、浅水区、湖心区、岸边区，按水体类别设置监测垂线。

c. 湖（库）区若无明显功能区别，可用网格法均匀设置监测垂线。

d. 监测垂线上采样点的布设一般与河流的规定相同，但对有可能出现温度分层现象时，应做水温、溶解氧的探索性试验后再定。

e. 受污染物影响较大的重要湖泊、水库，应在污染物主要输送路线上设置控制断面。

4.1.3.10 选定的监测断面和垂线均应经环境保护行政主管部门审查确认，并在地图上标明准确位置，在岸边设置固定标志。同时，用文字说明断面周围环境的详细情况，并配以照片。这些图文资料均存入断面档案。断面一经确认即不准任意变动。确需变动时，需经环境保护行政主管部门同意，重作优化处理与审查确认。

4.1.4 采样点位的确定

在一个监测断面上设置的采样垂线数与各垂线上的采样点数应符合表 4-1 和表 4-2，湖（库）监测垂线上的采样点的布设应符合表 4-3。

表 4-1 采样垂线数的设置

水面宽	垂线数	说 明
≤50 m	一条（中泓）	1. 垂线布设应避开污染带，要测污染带应另加垂线
50～100 m	二条(近左、右岸有明显水流处)	2. 确能证明该断面水质均匀时，可仅设中泓垂线
＞100 m	三条（左、中、右）	3. 凡在该断面要计算污染物通量时，必须按本表设置垂线

表 4-2 采样垂线上的采样点数的设置

水深	采样点数	说明
≤5 m	上层一点	1. 上层指水面下 0.5 m 处，水深不到 0.5 m 时，在水深 1/2 处
5～10 m	上、下层两点	2. 下层指河底以上 0.5 m 处
＞10 m	上、中、下三层三点	3. 中层指 1/2 水深处 4. 封冻时在冰下 0.5 m 处采样，水深不到 0.5 m 处时，在水深 1/2 处采样 5. 凡在该断面要计算污染物通量时，必须按本表设置采样点

表 4-3 湖（库）监测垂线采样点的设置

水深	分层情况	采样点数	说明
≤5 m		一点（水面下 0.5 m 处）	1. 分层是指湖水温度分层状况 2. 水深不足 1 m，在 1/2 水深处设置测点 3. 有充分数据证实垂线水质均匀时，可酌情减少测点
5～10 m	不分层	二点（水面下 0.5 m，水底上 0.5 m）	
5～10 m	分层	三点（水面下 0.5 m，1/2 斜温层，水底上 0.5 m 处）	
＞10 m		除水面下 0.5 m，水底上 0.5 m 处外，按每一斜温分层 1/2 处设置	

4.2 地表水水质监测的采样

4.2.1 确定采样频次的原则

依据不同的水体功能、水文要素和污染源、污染物排放等实际情况，力求以最低的采样频次，取得最有时间代表性的样品，既要满足能反映水质状况的要求，又要切实可行。

4.2.2 采样频次与采样时间

4.2.2.1 饮用水水源地、省（自治区、直辖市）交界断面中需要重点控制的监测断面每月至少采样一次。

4.2.2.2 国控水系、河流、湖、库上的监测断面，逢单月采样一次，全年六次。

4.2.2.3 水系的背景断面每年采样一次。

4.2.2.4 受潮汐影响的监测断面的采样，分别在大潮期和小潮期进行。每次采集涨、退潮水样分别测定。涨潮水样应在断面处水面涨平时采样，退潮水样应在水面退平时采样。

4.2.2.5 如某必测项目连续三年均未检出，且在断面附近确定无新增排放源，而现有污染源排污量未增的情况下，每年可采样一次进行测定。一旦检出，或在断面附近有新的排放源或现有污染源有新增排污量时，即恢复正常采样。

4.2.2.6 国控监测断面（或垂线）每月采样一次，在每月 5～10 日内进行采样。

4.2.2.7 遇有特殊自然情况，或发生污染事故时，要随时增加采样频次（见第 9 章“应急监测”）。

4.2.2.8 在流域污染源限期治理、限期达标排放的计划中和流域受纳污染物的总量削减规划中，以及为此所进行的同步监测，按第 7 章“流域监测”执行。

4.2.2.9 为配合局部水流域的河道整治，及时反映整治的效果，应在一定时期内增加采样频次，具体由整治工程所在地方环境保护行政主管部门制定。

4.2.3 水样采集

4.2.3.1 采样前的准备

a. 确定采样负责人

主要负责制定采样计划并组织实施。

b. 制定采样计划

采样负责人在制定计划前要充分了解该项监测任务的目的和要求；应对要采样的监测断面周围情况了解清楚；并熟悉采样方法、水样容器的洗涤、样品的保存技术。在有现场测定项目和任务时，还应了解有关现场测定技术。

采样计划应包括：确定的采样垂线和采样点位、测定项目和数量、采样质量保证措施，采样时间和路线、采样人员和分工、采样器材和交通工具以及需要进行的现场测定项目和安全保证等。

c. 采样器材与现场测定仪器的准备

采样器材主要是采样器和水样容器。关于水样保存及容器洗涤方法见表 4-4。本表所列洗涤方法，系指对已用容器的一般洗涤方法。如新启用容器，则应事先作更充分的清洗，容器应做到定点、定项。

采样器的材质和结构应符合《水质采样器技术要求》中的规定。

表 4-4 水样保存和容器的洗涤

项目	采样容器	保存剂及用量	保存期	采样量/ml[①]	容器洗涤
浊度*	G.P.		12 h	250	I
色度*	G.P.		12 h	250	I
pH*	G.P.		12 h	250	I
电导*	G.P.		12 h	250	I
悬浮物**	G.P.		14 d	500	I
碱度**	G.P.		12 h	500	I
酸度**	G.P.		30 d	500	I
COD	G	加 H_2SO_4，pH≤2	2 d	500	I
高锰酸盐指数**	G		2 d	500	I
DO*	溶解氧瓶	加入硫酸锰，碱性 KI 叠氮化钠溶液，现场固定	24 h	250	I

项目	采样容器	保存剂及用量	保存期	采样量/ml[①]	容器洗涤
BOD_5**	溶解氧瓶		12 h	250	Ⅰ
TOC	G	加 H_2SO_4，pH≤2	7 d	250	Ⅰ
F^-**	P		14 d	250	Ⅰ
Cl^-**	G.P.		30 d	250	Ⅰ
Br^-**	G.P.		14 h	250	Ⅰ
I^-	G.P.	NaOH，pH=12	14 h	250	Ⅰ
SO_4^{2-}**	G.P.		30 d	250	Ⅰ
PO_4^{3-}	G.P.	NaOH，H_2SO_4 调 pH=7，$CHCl_3$ 0.5%	7 d	250	Ⅳ
总磷	G.P.	HCl，H_2SO_4，pH≤2	24 h	250	Ⅳ
氨氮	G.P.	H_2SO_4，pH≤2	24 h	250	Ⅰ
NO_2^--N**	G.P.		24 h	250	Ⅰ
NO_3^--N**	G.P.		24 h	250	Ⅰ
总氮	G.P.	H_2SO_4，pH≤2	7 d	250	Ⅰ
硫化物	G.P.	1 L 水样加 NaOH pH 至 9，加入 5%抗坏血酸 5 ml，饱和 EDTA 3 ml，滴加饱和 $Zn(AC)_2$ 至胶体产生，常温蔽光	24 h	250	Ⅰ
总氰	G.P.	NaOH，pH≥9	12 h	250	Ⅰ
Be	G.P.	HNO_3，1 L 水样中加浓 HNO_3 10 ml	14 d	250	Ⅲ
B	P	HNO_3，1 L 水样中加浓 HNO_3 10 ml	14 d	250	Ⅰ
Na	P	HNO_3，1 L 水样中加浓 HNO_3 10 ml	14 d	250	Ⅱ
Mg	G.P.	HNO_3，1 L 水样中加浓 HNO_3 10 ml	14 d	250	Ⅱ
K	P	HNO_3，1 L 水样中加浓 HNO_3 10 ml	14 d	250	Ⅱ
Ca	G.P.	HNO_3，1 L 水样中加浓 HNO_3 10 ml	14 d	250	Ⅱ
Cr（Ⅵ）	G.P.	NaOH，pH 为 8～9	14 d	250	Ⅲ
Mn	G.P.	HNO_3，1 L 水样中加浓 HNO_3 10 ml	14 d	250	Ⅲ
Fe	G.P.	HNO_3，1 L 水样中加浓 HNO_3 10 ml	14 d	250	Ⅲ
Ni	G.P.	HNO_3，1 L 水样中加浓 HNO_3 10 ml	14 d	250	Ⅲ
Cu	P	HNO_3，1 L 水样中加浓 HNO_3 10 ml[②]	14 d	250	Ⅲ
Zn	P	HNO_3，1 L 水样中加浓 HNO_3 10 ml[②]	14 d	250	Ⅲ
As	G.P.	HNO_3，1 L 水样中加浓 HNO_3 10 ml，DDTC 法，HCl 2 ml	14 d	250	Ⅰ
Se	G.P.	HCl，1 L 水样中加浓 HCl 2 ml	14 d	250	Ⅲ
Ag	G.P.	HNO_3，1 L 水样中加浓 HNO_3 2 ml	14 d	250	Ⅲ

项目	采样容器	保存剂及用量	保存期	采样量/ml①	容器洗涤
Cd	G.P.	HNO_3，1 L 水样中加浓 HNO_3 10 ml②	14 d	250	Ⅲ
Sb	G.P.	HCl，0.2%（氢化物法）	14 d	250	Ⅲ
Hg	G.P.	HCl 1%如水样为中性，1 L 水样中加浓 HCl 10 ml	14 d	250	Ⅲ
Pb	G.P.	HNO_3，1%如水样为中性，1 L 水样中加浓 HNO_3 10 ml②	14 d	250	Ⅲ
油类	G	加入 HCl 至 pH≤2	7 d	250	Ⅱ
农药类**	G	加入抗坏血酸 0.01～0.02 g 除去残余氯	24 h	1 000	Ⅰ
除草剂类**	G	（同上）	24 h	1 000	Ⅰ
邻苯二甲酸酯类**	G	（同上）	24 h	1 000	Ⅰ
挥发性有机物**	G	用 1+10HCl 调至 pH=2，加入 0.01～0.02 抗坏血酸除去残余氯	12 h	1 000	Ⅰ
甲醛**	G	加入 0.2～0.5 g/L 硫代硫酸钠除去残余氯	24 h	250	Ⅰ
酚类**	G	用 H_3PO_4 调至 pH=2，用 0.01～0.02 g 抗坏血酸除去残余氯	24 h	1 000	Ⅰ
阴离子表面活性剂	G.P		24 h	250	Ⅳ
微生物**	G	加入硫代硫酸钠至 0.2～0.5 g/L 除去残余物，4℃保存	12 h	250	Ⅰ
生物**	G.P.	不能现场测定时用甲醛固定	12 h	250	Ⅰ

注：（1）*表示应尽量作现场测定；

**低温（0～4℃）避光保存。

（2）G 为硬质玻璃瓶；P 为聚乙烯瓶（桶）。

（3）①为单项样品的最少采样量；

②如用溶出伏安法测定，可改用 1 L 水样中加 19 ml 浓 $HClO_4$。

（4）Ⅰ、Ⅱ、Ⅲ、Ⅳ表示四种洗涤方法，如下：

Ⅰ：洗涤剂洗一次，自来水三次，蒸馏水一次；

Ⅱ：洗涤剂洗一次，自来水洗二次，1+3 HNO_3 荡洗一次，自来水洗三次，蒸馏水一次；

Ⅲ：洗涤剂洗一次，自来水洗二次，1+3 HNO_3 荡洗一次，自来水洗三次，去离子水一次；

Ⅳ：铬酸洗液洗一次，自来水洗三次，蒸馏水洗一次。

如果采集污水样品可省去用蒸馏水、去离子水清洗的步骤。

（5）经 160℃干热灭菌 2 h 的微生物、生物采样容器，必须在两周内使用，否则应重新灭菌；经 121℃高压蒸气灭菌 15 min 的采样容器，如不立即使用，应于 60℃将瓶内冷凝水烘干，两周内使用。细菌监测项目采样时不能用水样冲洗采样容器，不能采混合水样，应单独采样后 2 h 内送实验室分析。

4.2.3.2 采样方法

a. 采样器

（1）聚乙烯塑料桶。

（2）单层采水瓶。

（3）直立式采水器。

（4）自动采样器。

b. 采样数量

在地表水质监测中通常采集瞬时水样。所需水样量见表 4-4。此采样量已考虑重复分析和质量控制的需要，并留有余地。

c. 在水样采入或装入容器中后，应立即按表 4-4 的要求加入保存剂。

d. 油类采样：采样前先破坏可能存在的油膜，用直立式采水器把玻璃材质容器安装在采水器的支架中，将其放到 300 mm 深度，边采水边向上提升，在到达水面时剩余适当空间。

e. 注意事项

（1）采样时不可搅动水底的沉积物。

（2）采样时应保证采样点的位置准确。必要时使用定位仪（GPS）定位。

（3）认真填写“水质采样记录表”，用签字笔或硬质铅笔在现场记录，字迹应端正、清晰，项目完整。各省可按表 12-1 的格式设计全省统一的记录表。

（4）保证采样按时、准确、安全。

（5）采样结束前，应核对采样计划、记录与水样，如有错误或遗漏，应立即补采或重采。

（6）如采样现场水体很不均匀，无法采到有代表性的样品，则应详细记录不均匀的情况和实际采样情况，供使用该数据者参考。并将此现场情况向环境保护行政主管部门反映。

（7）测定油类的水样，应在水面至 300 mm 采集柱状水样，并单独采样，全部用于测定。并且采样瓶（容器）不能用采集的水样冲洗。

（8）测溶解氧、生化需氧量和有机污染物等项目时，水样必须注满容器，上部不留空间，并有水封口。

（9）如果水样中含沉降性固体（如泥沙等），则应分离除去。分离方法为：将所采水样摇匀后倒入筒形玻璃容器（如 1～2 L 量筒），静置 30 min，将不含沉降性固体但含有悬浮性固体的水样移入盛样容器并加入保存剂。测定水温、pH、DO、电导率、总悬浮物和油类的水样除外。

（10）测定湖库水的 COD、高锰酸盐指数、叶绿素 a、总氮、总磷时，水样静置 30 min 后，用吸管一次或几次移取水样，吸管进水尖嘴应插至水样表层 50 mm 以下位置，再加保存剂保存。

（11）测定油类、BOD_5、DO、硫化物、余氯、粪大肠菌群、悬浮物、放射性等项目要单独采样。

4.2.3.3 水质采样记录表

在“水质采样记录表”（表 12-1）中包括采样现场描述与现场测定项目两部分内容，均应认真填写。

a. 水温

用经检定的温度计直接插入采样点测量。深水温度用电阻温度计或颠倒温度计测量。温度计应在测点放置 5～7 min 待测得的水温恒定不变后读数。

b. pH 值

用测量精度为 0.1 的 pH 计测定。测定前应清洗和校正仪器。

c. DO

用膜电极法（注意防止膜上附着微小气泡）。

d. 透明度

用塞氏盘法测定。

e. 电导率

用电导率仪测定。

f. 氧化还原电位

用铂电极和甘汞电极以 mV 计或 pH 计测定。

g. 浊度

用目视比色法或浊度仪。

h. 水样感官指标的描述

颜色：用相同的比色管，分取等体积的水样和蒸馏水作比较，进行定性描述。水的气味（嗅）、水面有无油膜等均应作现场记录。

i. 水文参数

水文测量应按 GB 50179—93《河流流量测验规范》进行。潮汐河流各点位采样时，还应同时记录潮位。

j. 气象参数

气象参数有：气温、气压、风向、风速和相对湿度等。

4.2.3.4 水样的保存及运输

凡能做现场测定的项目，均应在现场测定。

水样运输前应将容器的外（内）盖盖紧。装箱时应用泡沫塑料等分隔，以防破损。箱子上应有“切勿倒置”等明显标志。同一采样点的样品瓶应尽量装在同一个箱子中；如分装在几个箱子内，则各箱内均应有同样的采样记录表。运输前应检查所采水样是否已全部装箱。运输时应有专门押运人员。水样交化验室时，应有交接手续。

4.2.4 水质采样的质量保证

4.2.4.1 采样人员必须通过岗前培训，切实掌握采样技术，熟知水样固定、保存、运输条件。

4.2.4.2 采样断面应有明显的标志物，采样人员不得擅自改动采样位置。

4.2.4.3 用船只采样时，采样船应位于下游方向，逆流采样，避免搅动底部沉积物造成水样污染。采样人员应在船前部采样，尽量使采样器远离船体。在同一采样点上分层采样时，应自上而下进行，避免不同层次水体混扰。

4.2.4.4 采样时，除细菌总数、大肠菌群、油类、DO、BOD_5、有机物、余氯等有特殊要求的项目外，要先用采样水荡洗采样器与水样容器 2～3 次，然后再将水样采入容器中，并按要求立即加入相应的固定剂，贴好标签。应使用正规的不干胶标签。

4.2.4.5 每批水样，应选择部分项目加采现场空白样，与样品一起送实验室分析。

4.2.4.6 每次分析结束后，除必要的留存样品外，样品瓶应及时清洗。水环境例行监测水样容器和污染源监测水样容器应分架存放，不得混用。各类采样容器应按测定项目与采样点位，分类编号，固定专用。

4.3 底质的监测点位和采样

底质样品的监测主要用于了解水体中易沉降，难降解污染物的累积情况。

4.3.1 底质样品的采集

4.3.1.1 采样点

a. 底质采样点位通常为水质采样垂线的正下方。当正下方无法采样时，可略作移动，移动的情况应在采样记录表上详细注明。

b. 底质采样点应避开河床冲刷、底质沉积不稳定及水草茂盛、表层底质易受搅动之处。

c. 湖（库）底质采样点一般应设在主要河流及污染源排放口与湖（库）水混合均匀处。

4.3.1.2 采样量及容器

底质采样量通常为 1～2 kg，一次的采样量不够时，可在周围采集几次，并将样品混匀。样品中的砾石、贝壳、动植物残体等杂物应予剔除。在较深水域一般常用掘式采泥器采样。在浅水区或干涸河段用塑料勺或金属铲等即可采样。样品在尽量沥干水分后，用塑料袋包装或用玻璃瓶盛装；供测定有机物的样品，用金属器具采样，置于棕色磨口玻璃瓶中。瓶口不要沾污，以保证磨口塞能塞紧。

4.3.2 底质采样质量保证

4.3.2.1 底质采样点应尽量与水质采样点一致。

4.3.2.2 水浅时，因船体或采泥器冲击搅动底质，或河床为砂卵石时，应另选采样点重采。采样点不能偏移原设置的断面（点）太远。采样后应对偏移位置作好记录。

4.3.2.3 采样时底质一般应装满抓斗。采样器向上提升时，如发现样品流失过多，必须重采。

4.3.3 采样记录及样品交接

样品采集后要及时将样品编号，贴上标签，并将底质的外观性状，如泥质状态、颜色、嗅味、生物现象等情况填入采样记录表。

采集的样品和采样记录表运回后一并交实验室，并办理交接手续。

5 污水监测的布点与采样

5.1 污染源污水监测点位的布设

5.1.1 布设原则

5.1.1.1 第一类污染物采样点位一律设在车间或车间处理设施的排放口或专门处理此类污染物设施的排口。

5.1.1.2 第二类污染物采样点位一律设在排污单位的外排口。

5.1.1.3 进入集中式污水处理厂和进入城市污水管网的污水采样点位应根据地方环

境保护行政主管部门的要求确定。

5.1.1.4 污水处理设施效率监测采样点的布设

a. 对整体污水处理设施效率监测时，在各种进入污水处理设施污水的入口和污水设施的总排口设置采样点。

b. 对各污水处理单元效率监测时，在各种进入处理设施单元污水的入口和设施单元的排口设置采样点。

5.1.2 采样点位的登记

5.1.2.1 必须全面掌握与污染源污水排放有关的工艺流程、污水类型、排放规律、污水管网走向等情况的基础上确定采样点位。排污单位需向地方环境监测站提供废水监测基本信息登记表（见表 5-1）。由地方环境监测站核实后确定采样点位。

表 5-1 废水监测基本信息登记表

污染源名称：	行业类型：	
联系地址：	主要产品：	
（1）总用水量/（m^3/a）：	新鲜水量/（m^3/a）：	回用水量/（m^3/a）：
其中：生产用水/（m^3/a）：	生活用水/（m^3/a）：	
水平衡图（另附图）		
（2）主要原辅材料：		
生产工艺：		
排污情况：		
（3）厂区平面布置图及排水管网布置图（另附图）		
（4）废水处理设施情况		
设计处理量/（m^3/a）：	实际处理量/（m^3/a）：	年运行小时数/（h/a）：
废水处理基本工艺方框图（另附图）		
废水性质：	排放规律：	
排放去向：		

废水处理设施处理效果			
污染因子	原始废水/（mg/L）	处理后出水/（mg/L）	去除率/%
备注			

5.1.3 采样点位的管理

5.1.3.1 采样点位应设置明显标志。采样点位一经确定，不得随意改动。应执行 GB 15562.1—1995 标准。

5.1.3.2 经设置的采样点应建立采样点管理档案，内容包括采样点性质、名称、位置和编号，采样点测流装置，排污规律和排污去向，采样频次及污染因子等。

5.1.3.3 采样点位的日常管理

经确认的采样点是法定排污监测点，如因生产工艺或其他原因需变更时，由当地环境保护行政主管部门和环境监测站重新确认。排污单位必须经常进行排污口的清障、疏通工作。

5.2 污染源污水监测的采样

5.2.1 采样频次

5.2.1.1 监督性监测

地方环境监测站对污染源的监督性监测每年不少于 1 次，如被国家或地方环境保护行政主管部门列为年度监测的重点排污单位，应增加到每年 2～4 次。因管理或执法的需要所进行的抽查性监测或对企业的加密监测由各级环境保护行政主管部门确定。

5.2.1.2 企业自我监测

工业废水按生产周期和生产特点确定监测频率。一般每个生产日至少 3 次。

5.2.1.3 对于污染治理、环境科研、污染源调查和评价等工作中的污水监测，其采样频次可以根据工作方案的要求另行确定。

5.2.1.4 排污单位为了确认自行监测的采样频次，应在正常生产条件下的一个生产周期内进行加密监测：周期在 8 h 以内的，每小时采 1 次样；周期大于 8 h 的，每 2 h 采 1 次样，但每个生产周期采样次数不少于 3 次。采样的同时测定流量。根据加密监测结果，绘制污水污染物排放曲线（浓度—时间，流量—时间，总量—时间），并与所掌握资料对照，如基本一致，即可据此确定企业自行监测的采样频次。

根据管理需要进行污染源调查性监测时，也按此频次采样。

5.2.1.5 排污单位如有污水处理设施并能正常运转使污水能稳定排放，则污染物排放曲线比较平稳，监督监测可以采瞬时样；对于排放曲线有明显变化的不稳定排放污水，要根据曲线情况分时间单元采样，再组成混合样品。正常情况下，混合样品的单元采样不得少于两次。如排放污水的流量、浓度甚至组分都有明显变化，则在各单元采样时的采样量应与当时的污水流量成比例，以使混合样品更有代表性。

5.2.2 污水采样方法

5.2.2.1 污水的监测项目按照行业类型有不同要求，见表 6-2。

在分时间单元采集样品时，测定 pH、COD、BOD_5、DO、硫化物、油类、有机物、余氯、粪大肠菌群、悬浮物、放射性等项目的样品，不能混合，只能单独采样。

5.2.2.2 对不同的监测项目应选用的容器材质、加入的保存剂及其用量与保存期、应采集的水样体积和容器的洗涤方法等见表 4-4。

5.2.2.3 自动采样

自动采样用自动采样器进行，有时间比例采样和流量比例采样。当污水排放量较稳定时可采用时间比例采样，否则必须采用流量比例采样。

所用的自动采样器必须符合国家环境保护总局颁布的污水采样器技术要求（待定）。

5.2.2.4 实际的采样位置应在采样断面的中心。当水深大于 1 m 时，应在表层下 1/4 深度处采样；水深小于或等于 1 m 时，在水深的 1/2 处采样。

5.2.2.5 注意事项

a. 用样品容器直接采样时，必须用水样冲洗三次后再行采样。但当水面有浮油时，采油的容器不能冲洗。

b. 采样时应注意除去水面的杂物、垃圾等漂浮物。

c. 用于测定悬浮物、BOD_5、硫化物、油类、余氯的水样，必须单独定容采样，全部用于测定。

d. 在选用特殊的专用采样器（如油类采样器）时，应按照该采样器的使用方法采样。

e. 采样时应认真填写“污水采样记录表”（表 12-3），表中应有以下内容：污染源名称、监测目的、监测项目、采样点位、采样时间、样品编号、污水性质、污水流量、采样人姓名及其他有关事项等。具体格式可由各省制定。

f. 凡需现场监测的项目，应进行现场监测。其他注意事项可参见地表水质监测的采样部分。

5.2.3 污水样品的保存、运输和记录

污水样品的组成往往相当复杂，其稳定性通常比地表水样更差，应设法尽快测定。保存和运输方面的具体要求参照 4.2.3.4 地表水样的有关规定和表 4-4 执行。

采样后要在每个样品瓶上贴一标签，标明点位编号、采样日期和时间、测定项目和保存方法等。

5.3 排污总量监测

5.3.1 流量测量

5.3.1.1 流量测量原则

a. 污染源的污水排放渠道，在已知其“流量—时间”排放曲线波动较小，用瞬时流量代表平均流量所引起的误差可以允许时（小于 10%），则在某一时段内的任意时间测得的瞬时流量乘以该时段的时间即为该时段的流量。

b. 如排放污水的“流量—时间”排放曲线虽有明显波动，但其波动有固定的规律，可以用该时段中几个等时间间隔的瞬时流量来计算出平均流量，则可定时进行瞬时流量测定，在计算出平均流量后再乘以时间得到流量。

c. 如排放污水的“流量—时间”排放曲线，既有明显波动又无规律可循，则必须连续测定流量，流量对时间的积分即为总流量。

5.3.1.2 流量测量方法

a. 污水流量计法：污水流量计的性能指标必须满足污水流量计技术要求。

b. 其他测流量方法：

1）容积法：将污水纳入已知容量的容器中，测定其充满容器所需要的时间，从而计算污水量的方法。本法简单易行，测量精度较高，适用于计量污水量较小的连续或间歇排放的污水。对于流量小的排放口用此方法。但溢流口与受纳水体应有适当落差或能用导水管形成落差。

2）流速仪法：通过测量排污渠道的过水截面积，以流速仪测量污水流速，计算污水量。适当地选用流速仪，可用于很宽范围的流量测量。多数用于渠道较宽的污水量测量。测量时需要根据渠道深度和宽度确定点位垂直测点数和水平测点数。本方法简单，但易受污水水质影响，难用于污水量的连续测定。排污截面底部需硬质平滑，截面形状为规则几何形，排污口处需有 3～5 m 的平直过流水段，且水位高度不小于 0.1 m。

3）量水槽法：在明渠或涵管内安装量水槽，测量其上游水位可以计量污水量。常用的有巴氏槽。用量水槽测量流量与溢流堰法相比，同样可以获得较高的精度（±2%～±5%）和进行连续自动测量。其优点为：水头损失小、壅水高度小、底部冲刷力大，不易沉积杂物。但造价较高，施工要求也较高。

4）溢流堰法：是在固定形状的渠道上安装特定形状的开口堰板，过堰水头与流量有固定关系，据此测量污水流量。根据污水量大小可选择三角堰、矩形堰、梯形堰等。溢流堰法精度较高，在安装液位计后可实行连续自动测量。为进行连续自动测量液位，已有的传感器有浮子式、电容式、超声波式和压力式等。

利用堰板测流，由于堰板的安装会造成一定的水头损失。另外，固体沉积物在堰前堆积或藻类等物质在堰板上粘附均会影响测量精度。

在排放口处修建的明渠式测流段要符合流量堰（槽）的技术要求。

以上方法均可选用，但在选定方法时，应注意各自的测量范围和所需条件。

在以上方法无法使用时，可用统计法。

c. 如污水为管道排放，所使用的电磁式或其他类型的流量计应定期进行计量检定。

5.3.2 平均浓度的确定

5.3.2.1 污染物排放单位的污水排放渠道，在已知其“浓度—时间”排放曲线波动较小，用瞬时浓度代表平均浓度所引起的误差可以容许时（小于 10%），在某时段内的任意时间采样所测得的浓度，均可作为平均浓度。

5.3.2.2 如“浓度—时间”排放曲线虽有波动但有规律，用等时间间隔的等体积混合样的浓度代表平均浓度所引起的误差可以容许时，可等时间间隔采集等体积混合样，测其平均浓度。

5.3.2.3 如“浓度—时间”排放曲线既有波动又无规律，则必须以“比例采样器”作连续采样。即确定某一比值，在连续采样中能使各瞬时采样量与当时的流量之比均为此比值。以此种“比例采样器”在任一时段内采得的混合样所测得的浓度即为该时段内的平均浓度。

5.3.3 总量控制项目

国家水污染物排放总量控制项目如 COD、石油类、氰化物、六价铬、汞、铅、镉和砷等，要逐步实现等比例采样和在线自动监测。

6 监测项目与分析方法

6.1 监测项目

6.1.1 监测项目的确定原则

6.1.1.1 选择国家和地方的地表水环境质量标准中要求控制的监测项目。

6.1.1.2 选择对人和生物危害大、对地表水环境影响范围广的污染物。

6.1.1.3 选择国家水污染物排放标准中要求控制的监测项目。

6.1.1.4 所选监测项目有“标准分析方法”“全国统一监测分析方法”。

6.1.1.5 各地区可根据本地区污染源的特征和水环境保护功能的划分，酌情增加某些选测项目；根据本地区经济发展、监测条件的改善及技术水平的提高，可酌情增加某些污染源和地表水监测项目。

6.1.2 监测项目

6.1.2.1 地表水的监测项目见表 6-1。

潮汐河流必测项目增加氯化物。

表 6-1 地表水监测项目①

	必测项目	选测项目
河流	水温、pH、溶解氧、高锰酸盐指数、化学需氧量、BOD_5、氨氮、总氮、总磷、铜、锌、氟化物、硒、砷、汞、镉、铬（六价）、铅、氰化物、挥发酚、石油类、阴离子表面活性剂、硫化物和粪大肠菌群	总有机碳、甲基汞，其他项目参照表 6-2，根据纳污情况由各级相关环境保护主管部门确定

	必测项目	选测项目
集中式饮用水水源地	水温、pH、溶解氧、悬浮物[②]、高锰酸盐指数、化学需氧量、BOD_5、氨氮、总磷、总氮、铜、锌、氟化物、铁、锰、硒、砷、汞、镉、铬（六价）、铅、氰化物、挥发酚、石油类、阴离子表面活性剂、硫化物、硫酸盐、氯化物、硝酸盐和粪大肠菌群	三氯甲烷、四氯化碳、三溴甲烷、二氯甲烷、1,2-二氯乙烷、环氧氯丙烷、氯乙烯、1,1-二氯乙烯、1,2-二氯乙烯、三氯乙烯、四氯乙烯、氯丁二烯、六氯丁二烯、苯乙烯、甲醛、乙醛、丙烯醛、三氯乙醛、苯、甲苯、乙苯、二甲苯[③]、异丙苯、氯苯、1,2-二氯苯、1,4-二氯苯、三氯苯[④]、四氯苯[⑤]、六氯苯、硝基苯、二硝基苯[⑥]、2,4-二硝基甲苯、2,4,6-三硝基甲苯、硝基氯苯[⑦]、2,4-二硝基氯苯、2,4-二氯苯酚、2,4,6-三氯苯酚、五氯酚、苯胺、联苯胺、丙烯酰胺、丙烯腈、邻苯二甲酸二丁酯、邻苯二甲酸二（2-乙基己基）酯、水合肼、四乙基铅、吡啶、松节油、苦味酸、丁基黄原酸、活性氯、滴滴涕、林丹、环氧七氯、对硫磷、甲基对硫磷、马拉硫磷、乐果、敌敌畏、敌百虫、内吸磷、百菌清、甲萘威、溴氰菊酯、阿特拉津、苯并[*a*]芘、甲基汞、多氯联苯[⑧]、微囊藻毒素-LR、黄磷、钼、钴、铍、硼、锑、镍、钡、钒、钛、铊
湖泊水库	水温、pH、溶解氧、高锰酸盐指数、化学需氧量、BOD_5、氨氮、总磷、总氮、铜、锌、氟化物、硒、砷、汞、镉、铬（六价）、铅、氰化物、挥发酚、石油类、阴离子表面活性剂、硫化物和粪大肠菌群	总有机碳、甲基汞、硝酸盐、亚硝酸盐，其他项目参照表 6-2，根据纳污情况由各级相关环境保护主管部门确定
排污河（渠）	根据纳污情况，参照表 6-2 中工业废水监测项目	

注：①监测项目中，有的项目监测结果低于检出限，并确认没有新的污染源增加时可减少监测频次。根据各地经济发展情况不同，在有监测能力（配置 GC/MS）的地区每年应监测 1 次选测项目。

②悬浮物在 5 mg/L 以下时，测定浊度。

③二甲苯指邻二甲苯、间二甲苯和对二甲苯。

④三氯苯指 1,2,3-三氯苯、1,2,4-三氯苯和 1,3,5-三氯苯。

⑤四氯苯指 1,2,3,4-四氯苯、1,2,3,5-四氯苯和 1,2,4,5-四氯苯。

⑥二硝基苯指邻二硝基苯、间二硝基苯和对二硝基苯。

⑦硝基氯苯指邻硝基氯苯、间硝基氯苯和对硝基氯苯。

⑧多氯联苯指 PCB-1016、PCB-1221、PCB-1232、PCB-1242、PCB-1248、PCB-1254 和 PCB-1260。

饮用水保护区或饮用水水源的江河除监测常规项目外，必须注意剧毒和“三致”有毒化学品的监测。

6.1.2.2　工业废水监测项目见表 6-2。

6.1.2.3　底质监测项目

必测项目：砷、汞、烷基汞、铬、六价铬、铅、镉、铜、锌、硫化物和有机质。

选测项目：有机氯农药、有机磷农药、除草剂、PCBs、烷基汞、苯系物、多环芳烃和邻苯二甲酸酯类。

6.1.2.4　污水处理设施的污泥或纳入污水河渠和水域的污泥监测项目参照表 6-2。

6.1.2.5　饮用水水源地监测项目执行 GB 3838—2002 中表 3。

6.1.2.6　污染源监测项目执行 GB 8978—1996 及有关行业水污染物排放标准。

表 6-2　工业废水监测项目

类型	必测项目	选测项目①
黑色金属矿山（包括磷铁矿、赤铁矿、锰矿等）	pH、悬浮物、重金属②	硫化物、锑、铋、锡、氯化物
钢铁工业（包括选矿、烧结、炼焦、炼铁、炼钢、连铸、轧钢等）	pH、悬浮物、COD、挥发酚、氰化物、油类、六价铬、锌、氨氮	硫化物、氟化物、BOD_5、铬
选矿药剂	COD、BOD_5、悬浮物、硫化物、重金属	
有色金属矿山及冶炼（包括选矿、烧结、电解、精炼等）	pH、COD、悬浮物、氰化物、重金属	硫化物、铍、铝、钒、钴、锑、铋
非金属矿物制品业	pH、悬浮物、COD、BOD_5、重金属	油类
煤气生产和供应业	pH、悬浮物、COD、BOD_5、油类、重金属、挥发酚、硫化物	多环芳烃、苯并[*a*]芘、挥发性卤代烃
火力发电（热电）	pH、悬浮物、硫化物、COD	BOD_5
电力、蒸汽、热水生产和供应业	pH、悬浮物、硫化物、COD、挥发酚、油类	BOD_5
煤炭采造业	pH、悬浮物、硫化物	砷、油类、汞、挥发酚、COD、BOD_5
焦化	COD、悬浮物、挥发酚、氨氮、氰化物、油类、苯并[*a*]芘	总有机碳
石油开采	COD、BOD_5、悬浮物、油类、硫化物、挥发性卤代烃、总有机碳	挥发酚、总铬

类型		必测项目	选测项目[①]
石油加工及炼焦业		COD、BOD_5、悬浮物、油类、硫化物、挥发酚、总有机碳、多环芳烃	苯并[*a*]芘、苯系物、铝、氯化物
化学矿开采	硫铁矿	pH、COD、BOD_5、硫化物、悬浮物、砷	
	磷矿	pH、氟化物、悬浮物、磷酸盐（P）、黄磷、总磷	
	汞矿	pH、悬浮物、汞	硫化物、砷
无机原料	硫酸	酸度（或pH）、硫化物、重金属、悬浮物	砷、氟化物、氯化物、铝
	氯碱	碱度（或酸度或pH）、COD、悬浮物	汞
	铬盐	酸度（或碱度或pH）、六价铬、总铬、悬浮物	汞
有机原料		COD、挥发酚、氰化物、悬浮物、总有机碳	苯系物、硝基苯类、总有机碳、有机氯类、邻苯二甲酸酯等
塑料		COD、BOD_5、油类、总有机碳、硫化物、悬浮物	氯化物、铝
化学纤维		pH、COD、BOD_5、悬浮物、总有机碳、油类、色度	氯化物、铝
橡胶		COD、BOD_5、油类、总有机碳、硫化物、六价铬	苯系物、苯并[*a*]芘、重金属、邻苯二甲酸酯、氯化物等
医药生产		pH、COD、BOD_5、油类、总有机碳、悬浮物、挥发酚	苯胺类、硝基苯类、氯化物、铝
染料		COD、苯胺类、挥发酚、总有机碳、色度、悬浮物	硝基苯类、硫化物、氯化物
颜料		COD、硫化物、悬浮物、总有机碳、汞、六价铬	色度、重金属
油漆		COD、挥发酚、油类、总有机碳、六价铬、铅	苯系物、硝基苯类
合成洗涤剂		COD、阴离子合成洗涤剂、油类、总磷、黄磷、总有机碳	苯系物、氯化物、铝
合成脂肪酸		pH、COD、悬浮物、总有机碳	油类
聚氯乙烯		pH、COD、BOD_5、总有机碳、悬浮物、硫化物、总汞、氯乙烯	挥发酚

类型		必测项目	选测项目[①]
感光材料，广播电影电视业		COD、悬浮物、挥发酚、总有机碳、硫化物、银、氰化物	显影剂及其氧化物
其他有机化工		COD、BOD_5、悬浮物、油类、挥发酚、氰化物、总有机碳	pH、硝基苯类、氯化物
化肥	磷肥	pH、COD、BOD_5、悬浮物、磷酸盐、氟化物、总磷	砷、油类
	氮肥	COD、BOD_5、悬浮物、氨氮、挥发酚、总氮、总磷	砷、铜、氰化物、油类
合成氨工业		pH、COD、悬浮物、氨氮、总有机碳、挥发酚、硫化物、氰化物、石油类、总氮	镍
农药	有机磷	COD、BOD_5、悬浮物、挥发酚、硫化物、有机磷、总磷	总有机碳、油类
	有机氯	COD、BOD_5、悬浮物、硫化物、挥发酚、有机氯	总有机碳、油类
除草剂工业		pH、COD、悬浮物、总有机碳、百草枯、阿特拉津、吡啶	除草醚、五氯酚、五氯酚钠、2,4-D、丁草胺、绿麦隆、氯化物、铝、苯、二甲苯、氨、氯甲烷、联吡啶
电镀		pH、碱度、重金属、氰化物	钴、铝、氯化物、油类
烧碱		pH、悬浮物、汞、石棉、活性氯	COD、油类
电气机械及器材制造业		pH、COD、BOD_5、悬浮物、油类、重金属	总氮、总磷
普通机械制造		COD、BOD_5、悬浮物、油类、重金属	氰化物
电子仪器、仪表		pH、COD、BOD_5、氰化物、重金属	氟化物、油类
造纸及纸制品业		酸度（或碱度）、COD、BOD_5、可吸附有机卤化物（AOX）、pH、挥发酚、悬浮物、色度、硫化物	木质素、油类
纺织染整业		pH、色度、COD、BOD_5、悬浮物、总有机碳、苯胺类、硫化物、六价铬、铜、氨氮	总有机碳、氯化物、油类、二氧化氯
皮革、毛皮、羽绒服及其制品		pH、COD、BOD_5、悬浮物、硫化物、总铬、六价铬、油类	总氮、总磷
水泥		pH、悬浮物	油类
油毡		COD、BOD_5、悬浮物、油类、挥发酚	硫化物、苯并[a]芘

类型		必测项目	选测项目[①]
玻璃、玻璃纤维		COD、BOD_5、悬浮物、氰化物、挥发酚、氟化物	铅、油类
陶瓷制造		pH、COD、BOD_5、悬浮物、重金属	
石棉（开采与加工）		pH、石棉、悬浮物	挥发酚、油类
木材加工		COD、BOD_5、悬浮物、挥发酚、pH、甲醛	硫化物
食品加工		pH、COD、BOD_5、悬浮物、氨氮、硝酸盐氮、动植物油	总有机碳、铝、氯化物、挥发酚、铅、锌、油类、总氮、总磷
屠宰及肉类加工		pH、COD、BOD_5、悬浮物、动植物油、氨氮、大肠菌群	石油类、细菌总数、总有机碳
饮料制造业		pH、COD、BOD_5、悬浮物、氨氮、粪大肠菌群	细菌总数、挥发酚、油类、总氮、总磷
兵器工业	弹药装药	pH、COD、BOD_5、悬浮物、梯恩梯（TNT）、地恩锑（DNT）、黑索今（RDX）	硫化物、重金属、硝基苯类、油类
	火工品	pH、COD、BOD_5、悬浮物、铅、氰化物、硫氰化物、铁（I、II）氰络合物	肼和叠氮化物（叠氮化钠生产厂为必测）、油类
	火炸药	pH、COD、BOD_5、悬浮物、色度、铅、TNT、DNT、硝化甘油（NG）、硝酸盐	油类、总有机碳、氨氮
航天推进剂		pH、COD、BOD_5、悬浮物、氨氮、氰化物、甲醛、苯胺类、肼、一甲基肼、偏二甲基肼、三乙胺、二乙烯三胺	油类、总氮、总磷
船舶工业		pH、COD、BOD_5、悬浮物、油类、氨氮、氰化物、六价铬	总氮、总磷、硝基苯类、挥发性卤代烃
制糖工业		pH、COD、BOD_5、色度、油类	硫化物、挥发酚
电池		pH、重金属、悬浮物	酸度、碱度、油类
发酵和酿造工业		pH、COD、BOD_5、悬浮物、色度、总氮、总磷	硫化物、挥发酚、油类、总有机碳
货车洗刷和洗车		pH、COD、BOD_5、悬浮物、油类、挥发酚	重金属、总氮、总磷
管道运输业		pH、COD、BOD_5、悬浮物、油类、氨氮	总氮、总磷、总有机碳
宾馆、饭店、游乐场所及公共服务业		pH、COD、BOD_5、悬浮物、油类、挥发酚、阴离子洗涤剂、氨氮、总氮、总磷	粪大肠菌群、总有机碳、硫化物
绝缘材料		pH、COD、BOD_5、挥发酚、悬浮物、油类	甲醛、多环芳烃、总有机碳、挥发性卤代烃

类型	必测项目	选测项目[①]
卫生用品制造业	pH、COD、悬浮物、油类、挥发酚、总氮、总磷	总有机碳、氨氮
生活污水	pH、COD、BOD_5、悬浮物、氨氮、挥发酚、油类、总氮、总磷、重金属	氯化物
医院污水	pH、COD、BOD_5、悬浮物、油类、挥发酚、总氮、总磷、汞、砷、粪大肠菌群、细菌总数	氟化物、氯化物、醛类、总有机碳

注：表中所列必测项目、选测项目的增减，由县级以上环境保护行政主管部门认定。

①选测项目同表 6-1 注①；

②重金属系指 Hg、Cr、Cr（VI）、Cu、Pb、Zn、Cd 和 Ni 等，具体监测项目由县级以上环境保护行政主管部门确定。

6.2 分析方法

6.2.1 选择分析方法的原则

6.2.1.1 首先选用国家标准分析方法，统一分析方法或行业标准方法。

6.2.1.2 当实验室不具备使用标准分析方法时。也可采用原国家环境保护局监督管理司环监〔1994〕017 号文和环监〔1995〕号文公布的方法体系。

6.2.1.3 在某些项目的监测中，尚无“标准”和“统一”分析方法时，可采用 ISO、美国 EPA 和日本 JIS 方法体系等其他等效分析方法，但应经过验证合格，其检出限、准确度和精密度应能达到质控要求。

6.2.1.4 当规定的分析方法应用于污水、底质和污泥样品分析时，必要时要注意增加消除基体干扰的净化步骤，并进行可适用性检验。

6.2.2 水和污水的监测分析方法见附表 1。

7 流域监测

7.1 流域监测的目的

流域监测以掌握流域水环境质量现状和污染趋势，为流域规划中限期达到目标的监督检查服务，并为流域管理和区域管理的水污染防治监督管理提供依据。

7.2 流域断面

根据流域规划设置的断面，一般分为限期达标断面、责任考核断面和省（自治区、直辖市）界断面。

7.3 同步监测

7.3.1 同步监测是根据管理需要组织全流域监测站进行的在大致相同的时段内，对主要控制项目的监测。

7.3.2 同步监测由国务院环境保护行政主管部门统一组织，中国环境监测总站负责点位（断面）认证，监测全程序技术指导，监测资料的审核汇总以及报告编写工作。在监测期间中国环境监测总站派技术专家到重点地区进行现场技术监督、技术指导。相关省（自治区、直辖市）、市（地）、县环境监测站负责对本地区的同步监测工作具体实施。

7.3.3 监测频次

常规监测为每月 1 次，具体实施时间由中国环境监测总站与流域网头单位及相关省（自治区、直辖市）协商确定。

同步监测频次根据需要确定。

7.4 监测断面（点位）

我国正在制定和实施的三河（淮河、海河、辽河）、三湖（太湖、巢湖、滇池）水污染防治规划和污染源限期达标计划中确定的监测断面是三河、三湖的主要监测断面。

流域监测以环境管理目标断面和省（自治区、直辖市）交界断面为主，根据需要可增加主要城镇的污水总排口、日排水量在 100 t 以上或 COD 日排放量 30 kg 以上主要污染企业的排口，此外，沿江、河、湖、库的集约化畜禽养殖场、宾馆、饭店等污水排口。

7.5 省、市（区）交界断面

重点省、市（区）交界断面，由中国环境监测总站组织并指导有关省、市（区）环境监测（中心）站采样监测；其他交界断面由所辖省、市（区）环境监测（中心）

站组织采样监测。

7.6 监测项目

以常规水质监测项目为主，同时根据流域管理需要和区域污染源分布及污染物排放特征等适当增减，并经环境保护行政主管部门审批。

在每次流域同步监测中，高锰酸盐指数、COD、NH_3-N、As、Hg、pH、油类、总氮、总磷为必测项目，湖库监测增加叶绿素 a。

7.7 流域污染物通量监测

增加采样频次并进行流量测量，以平均浓度和流量计算出污染物通量，也可用多个瞬时浓度积分计算污染物通量。

流量测量有多种精确和简易方法，如流速仪法，将监测断面分成若干大小区间分别测量后求积，也可将流速仪法简化成 2 点法进行测量。

根据我国目前的仪器装备情况，这里推荐简易的浮标法测流量（精确测量流量见 5.3 节）：

取一段较规则、长度不小于 10 m、无弯曲、有一定液面高度的河床，测其平均宽度及水面高度，取一漂浮物，放入流动河水的中央，在无外力的影响下（如风、漂浮物阻塞等），使漂浮物流经被测距离，记录流过时间、重复数次，取平均值。流量按下式计算：

$$Q\ (\mathrm{m^3/s}) = 0.7LS/t$$

式中：L——选取河道部分长度，m；

t——浮标法通过这段距离的所需平均时间，s；

S——河流断面面积，m^2。

注：①河床截面积可用测量杆在选定断面通过测量几个点位的深度计算出。为避免较大误差，至少要有 5 个测量点，每个测量点之间不能超过 20 m，地形较复杂的河床测量点应加密。

②根据增添设备的条件，逐步采用多普勒测流仪测量流量，计算污染物通量。

7.8 质量保证

流域监测的质量保证同第 11 章。

8 建设项目污水处理设施竣工环境保护验收监测

8.1 验收监测内容

主要内容包括对污水处理设施建设、运行及管理情况检查；污水处理设施运行效率测试；水污染物（排放浓度和排放总量等）达标排放测试等。

8.2 验收监测方案

验收监测方案应包括项目名称、工艺流程图及排污分析、监测因子、采样点位、监测频次、监测分析依据、评价标准、监测仪器、实施进度、提交成果和监测人员及其他有关内容。

验收监测方案要报负责验收的环境保护行政主管部门批准后实施。

验收监测应在正常生产工况并达到设计规模 75%以上运行情况下进行，并记录监测时的生产工况、生产规模和其他有关参数。

8.3 监测布点与采样

8.3.1 布点

8.3.1.1 监测布点应能真实反映污染物达标排放情况和污水处理设施的处理效果。

8.3.1.2 监测布点必须符合 5.1 节的规定。

8.3.2 采样

8.3.2.1 采样频次

（1）监测频次应能反映真实排污情况和环境保护治理设施的处理效果，并应使工作量最小化。

（2）对生产稳定且污染物排放有规律的排放源，应以生产周期为采样周期，采样不得少于 2 个周期，每个采样周期内采样次数一般应为 3～5 次，但不得少于 3 次。

（3）对有污水处理设施并正常运转或建有调节池的建设项目，其污水为稳定排放的可采瞬时样，但不得少于 3 次。对污水处理设施处理效率测试的采样频次可适当减少。

（4）对非稳定排放源、大型重点项目排放源，必须采用加密监测的方法。

8.3.2.2　采样方法及水样保存

采样方法见第 5 章，水样的保存和容器选择见表 4-4。

8.4　监测项目与分析方法

8.4.1　监测项目

8.4.1.1　经环境保护行政主管部门批准的环境影响报告书和建设项目的环境保护设计中确定需要监测的因子，并参考国家环境保护总局环发〔2000〕38 号文“关于建设项目环境保护设施竣工验收监测管理有关问题的通知”中附录一。

8.4.1.2　建设项目投入生产或者使用后产生的新污染因子，须经国家或地方环境保护行政主管部门批准增加监测项目。

8.4.1.3　经环境保护行政主管部门确认应当增加监测的总量控制指标。

8.4.2　监测方法

8.4.2.1　监测因子的分析测试应采用国家颁布的环境质量标准、国家或地方污染物排放标准中规定的相应监测方法。

8.4.2.2　未列入上述标准的监测因子，其分析测试应参照有关标准中规定的监测方法或相应的等效方法。

8.5　质量保证

8.5.1　采样器和监测仪器应符合国家有关标准和技术要求。

8.5.2　承担竣工验收监测的环境监测站必须通过国家或省级计量认证，监测人员必须持证上岗。

8.6　评价标准

外排污染物要符合治理设施设计和经环境保护行政主管部门批准的环境影响报告书中提出的要求及国家和地方污染物排放标准。

8.7　总量控制

在竣工验收监测中要进行污水污染要素中主要污染因子的排污总量监测，根据建设项目所在区域是否符合功能区规划目标作出评价。

8.8 数据处理与分析

数据处理与分析见第 10 章。

8.9 验收监测报告（表）

验收监测报告应包括前言、验收监测的依据、建设项目工程概况、环境影响评价意见及环境影响评价批复要求、验收监测评价标准、监测期间的工况分析、验收监测结果及分析、监测的质量控制和质量保证、国家规定的总量控制污染物的排放情况、环境管理检查、验收监测结论与建议及有关附件等，同时填写国家环境保护总局环发〔2000〕38 号文“关于建设项目环境保护设施竣工验收监测管理有关问题的通知”中附录三“建设项目环境保护‘三同时’竣工验收登记表”。

验收监测表按国家环境保护总局环发〔2000〕38 号文“关于建设项目环境保护设施竣工验收监测管理有关问题的通知”中附录八“验收监测表”填写。

9 应急监测

9.1 突发性水环境污染事故

突发性水环境污染事故，尤其是有毒有害化学品的泄漏事故，往往会对水生生态环境造成极大的破坏，并直接威胁人民群众的生命安全。因此，突发性环境污染事故的应急监测与环境质量监测和污染源监督监测具有同样的重要性，是环境监测工作的重要组成部分。

9.1.1 应急监测的目的与原则

应急监测的主要目的是在已有资料的基础上，迅速查明污染物的种类、污染程度和范围以及污染发展趋势，及时、准确地为决策部门提供处理处置的可靠依据。

事故发生后，监测人员应携带必要的简易快速检测器材和采样器材及安全防护装备尽快赶赴现场。根据事故现场的具体情况立即布点采样，利用检测管和便携式监测仪器等快速检测手段鉴别、鉴定污染物的种类，并给出定量或半定量的监测结果。现场无法鉴定或测定的项目应立即将样品送回实验室进行分析。根据监测结果，确定污染程度和可能污染的范围并提出处理处置建议，及时上报有关部门。

9.1.2 采样

突发性水环境污染事故的应急监测一般分为事故现场监测和跟踪监测两部分，其采样原则如下：

9.1.2.1 现场监测采样

（1）现场监测的采样一般以事故发生地点及其附近为主，根据现场的具体情况和污染水体的特性布点采样和确定采样频次。对江河的监测应在事故地点及其下游布点采样，同时要在事故发生地点上游采对照样。对湖（库）的采样点布设以事故发生地点为中心，按水流方向在一定间隔的扇形或圆形布点采样，同时采集对照样品。

（2）事故发生地点要设立明显标志，如有必要则进行现场录像和拍照。

（3）现场要采平行双样，一份供现场快速测定，一份供送回实验室测定。如有需要，同时采集污染地点的底质样品。

9.1.2.2 跟踪监测采样

污染物质进入水体后，随着稀释、扩散和沉降作用，其浓度会逐渐降低。为掌握污染程度、范围及变化趋势，在事故发生后，往往要进行连续的跟踪监测，直至水体环境恢复正常。

（1）对江河污染的跟踪监测要根据污染物质的性质和数量及河流的水文要素等，沿河段设置数个采样断面，并在采样点设立明显标志。采样频次根据事故程度确定。

（2）对湖（库）污染的跟踪监测，应根据具体情况布点，但在出水口和饮用水取水口处必须设置采样点。由于湖（库）的水体较稳定，要考虑不同水层采样。采样频次每天不得少于两次。

9.1.2.3 现场记录

要绘制事故现场的位置图，标出采样点位，记录发生时间，事故原因，事故持续时间，采样时间，以及水体感观性描述，可能存在的污染物，采样人员等事项。

9.1.3 监测方法

由于事故的突发性和复杂性，当我国颁布的标准监测分析方法不能满足要求时，可等效采用 ISO、美国 EPA 或日本 JIS 的相关方法，但必须用加标回收、平行双样等指标检验方法的适用性。

现场监测可使用水质检测管或便携式监测仪器等快速检测手段，鉴别鉴定污染物的种类并给出定量、半定量的测定数据。现场无法监测的项目和平行采集的样品，应尽快将样品送回实验室进行检测。

跟踪监测一般可在采样后及时送回实验室进行分析。

9.1.4 应急监测报告

根据现场情况和监测结果，编写现场监测报告并迅速上报有关单位，报告的主要内容有：

9.1.4.1 事故发生的时间，接到通知的时间，到达现场监测时间。

9.1.4.2 事故发生的具体位置。

9.1.4.3 监测实施，包括采样点位、监测频次、监测方法。

9.1.4.4 事故发生的性质、原因及伤亡损失情况。

9.1.4.5 主要污染物的种类、流失量、浓度及影响范围。

9.1.4.6 简要说明污染物的有害特性及处理处置建议。

9.1.4.7 附现场示意图及录像或照片。

9.1.4.8 应急监测单位及负责人盖章签字。

9.2 洪水期与退水期水质监测

9.2.1 监测目的

掌握洪水期与退水期地表水质现状和变化趋势，及时准确地为国家环境保护行政主管部门提供可靠信息，以便对可能发生的水污染事故制定相应的处理对策，为保障洪涝区域人民的健康与重建工作提供科学依据。

9.2.2 监测的基本任务与要求

9.2.2.1 开展灾区城镇河流、湖、库及饮用水水源地的水质监测。

9.2.2.2 重灾区、淹没区的地表水质监测；对于危险品存放地周围水质重点监测。

9.2.2.3 水环境污染事故的追踪调查和应急监测。

9.2.2.4 开展洪水期与退水期水环境质量的评价与专报。

9.2.2.5 各项监测与报告工作要做到快速、及时、准确。

9.2.2.6 其他要求执行 9.1 节突发性水环境污染事故的应急监测。

9.2.3 监测点位布设原则

9.2.3.1 布点原则

参照第 4 章地表水质监测布点与采样，第 5 章污水监测的布点与采样，并根据洪水与退水过程中水体流经区域，把监测重点放在城、镇、村的饮用水水源地（含水井周围）、洪涝区城、镇、村的河流，淹没区危险品存放地的周围要加密布点。

9.2.3.2 洪水区域的河流主干道和支流流经的城镇加密布设控制断面（不设中泓

断面）。

9.2.3.3 城镇村的饮用水水源地在进水和出水方位加密布点。

9.2.3.4 洪涝区域的饮用水水井根据不同水深布设上（水面至水下 20 mm）、中（水深的中部）、下（底质上 50 mm）三个点位。

9.2.3.5 淹没区域的饮用水水源地和水井周围加密布点。

9.2.3.6 洪涝区域和淹没区域的工矿企业周围，在入水方向每 20 m 布 1 个采样点，出水方向要加密布点，以能够切实监测出污染物泄流浓度和总量为原则。

9.2.3.7 以危险品存放地或流经洪水的工矿企业为中心，按一定间隔的扇形布点，同时在洪水进流方向的上游设 3～4 个对照点位。

9.2.4 采样

参照 4.2.3 节水样采集和 5.2 节污染源污水监测的采样执行。

9.2.5 监测频次与时段

为说明污染物特别是危险品存放地污染物可能的泄排浓度、总量和泄排时段，自洪水暴发之日起至洪水消退后 1 个月的时段内，每周至少监测 1 次。

9.2.6 监测项目

9.2.6.1 地表水

pH、悬浮物、化学需氧量、氨氮、总氮、总磷、挥发酚、油类、粪大肠菌群、细菌总数。参照地区污染物的特征，并参照洪水区污染源特征适当增加有关项目。

9.2.6.2 饮用水水源地（含井水）

pH、悬浮物、高锰酸盐指数、氨氮、硝酸盐氮、亚硝酸盐氮、总磷、挥发酚、硫化物、总硬度、总汞、总砷、铅、镉、油类、氯化物、氟化物、总有机碳、粪大肠菌群、细菌总数。

9.2.6.3 有污水排放的工矿企业及事业单位参照第 6 章表 6-2 污水监测项目执行。

9.2.6.4 洪水淹没区的工矿企业和危险品存放地：根据工矿企业的产品、原材料、中间产品及存放危险品的种类，以国家控制的污染物为主，并参照国外有关限制排放污染物确定监测项目。

9.2.7 监测分析方法

参照第 6 章监测项目与分析方法执行。

对于淹没区的工矿企业和危险品存放地的污染物监测，我国尚没有规定标准监测分析方法和统一方法的，可采用 ISO、美国 EPA 或日本 JIS 的相应监测分析方法。

9.2.8 质量保证

原则上参照第 11 章水质监测质量保证和第 4 章、第 5 章有关规定执行。

9.2.9 数据处理与报告

洪水期与退水期的监测数据，切实做好计算机存储工作。每期水质监测结果以专报、快报形式，及时向国家环境保护总局和地方环境保护行政主管部门报告。

10 监测数据整理、处理与上报

10.1 原始记录

10.1.1 水和污水现场监测采样、样品保存、样品传输、样品交接、样品处理和实验室分析的原始记录是监测工作的重要凭证，应在记录表格或专用记录本上按规定格式，对各栏目认真填写。原始记录表（本）应有统一编号，个人不得擅自销毁，用毕按期归档保存。

10.1.2 原始记录使用墨水笔或档案用圆珠笔书写，做到字迹端正、清晰。如原始记录上数据有误而要改正时，应在错误的数据上画斜线；如需改正的数据成片，亦可将其画框线，并添加“作废”两字，再在错误数据的上方写上正确的数字，并在右下方签名（或盖章）。不得在原始记录上涂改或撕页。

10.1.3 监测人员必须具有严肃认真的工作态度，对各项记录负责，及时记录，不得以回忆方式填写。

10.1.4 每次报出数据前，原始记录上必须有测试人和校核人签名。

10.1.5 站内外其他人员需查阅原始记录时，需经有关领导批准。

10.1.6 原始记录不得在非监测场合随身携带，不得随意复制、外借。

10.2 测量数据的有效数字及规则

10.2.1 有效数字用于表示测量数字的有效意义。指测量中实际能测得的数字，由有效数字构成的数值，其倒数第二位以上的数字应是可靠的（确定的），只有末位数是可疑的（不确定的）。对有效数字的位数不能任意增删。

10.2.2 由有效数字构成的测定值必然是近似值，因此，测定值的运算应按近似计算规则进行。

10.2.3 数字“0”，当它用于指小数点的位置，而与测量的准确度无关时，不是有效数字；当它用于表示与测量准确程度有关的数值大小时，即为有效数字。这与“0”在数值中的位置有关。

10.2.4 一个分析结果的有效数字的位数，主要取决于原始数据的正确记录和数值的正确计算。在记录测量值时，要同时考虑到计量器具的精密度和准确度，以及测量仪器本身的读数误差。对检定合格的计量器具，有效位数可以记录到最小分度值，最多保留一位不确定数字（估计值）。

以实验室最常用的计量器具为例：

（1）用天平（最小分度值为 0.1 mg）进行称量时，有效数字可以记录到小数点后面第四位，如 1.223 5 g，此时有效数字为五位；称取 0.945 2 g，则为四位。

（2）用玻璃量器量取体积的有效数字位数是根据量器的容量允许差和读数误差来确定的。如单标线 A 级 50 ml 容量瓶，准确容积为 50.00 ml；单标线 A 级 10 ml 移液管，准确容积为 10.00 ml，有效数字均为四位；用分度移液管或滴定管，其读数的有效数字可达到其最小分度后一位，保留一位不确定数字。

（3）分光光度计最小分度值为 0.005，因此，吸光度一般可记到小数点后第三位，有效数字位数最多只有三位。

（4）带有计算机处理系统的分析仪器，往往根据计算机自身的设定，打印或显示结果，可以有很多位数，但这并不增加仪器的精度和可读的有效位数。

（5）在一系列操作中，使用多种计量仪器时，有效数字以最少的一种计量仪器的位数表示。

10.2.5 表示精密度的有效数字根据分析方法和待测物的浓度不同，一般只取 1～2 位有效数字。

10.2.6 分析结果有效数字所能达到的位数不能超过方法最低检出浓度的有效位数所能达到的位数。例如，一个方法的最低检出浓度为 0.02 mg/L，则分析结果报 0.088 mg/L 就不合理，应报 0.09 mg/L。

10.2.7 以一元线性回归方程计算时，校准曲线斜率 b 的有效位数，应与自变量 x_i 的有效数字位数相等，或最多比 x_i 多保留一位。截距 a 的最后一位数，则和因变量 y_i 数值的最后一位取齐，或最多比 y_i 多保留一位数。

10.2.8 在数值计算中，当有效数字位数确定之后，其余数字应按修约规则一律舍去。

10.2.9 在数值计算中，某些倍数、分数、不连续物理量的数值，以及不经测量而完全根据理论计算或定义得到的数值，其有效数字的位数可视为无限。这类数值在计算中按需要几位就定几位。

10.3 数值修约规则

数值修约执行 GB 8170—87 数值修约规则。

10.4 近似计算规则

10.4.1 加法和减法

几个近似值相加减时，其和或差的有效数字决定于绝对误差最大的数值，即最后结果的有效数字自左起不超过参加计算的近似值中第一个出现的可疑数字。在小数的加减计算中，结果所保留的小数点后的位数与各近似值中小数点后位数最少者相同。在实际运算过程中，保留的位数比各数值中小数点后数最少者多留一位小数，而计算结果则按数值修约规则处理。当两个很接近的近似数值相减时，其差的有效数字位数会有很多损失。因此，如有可能，应把计算程序组织好，使尽量避免损失。

10.4.2 乘法和除法

近似值相乘除时，所得积与商的有效数字位数决定于相对误差最大的近似值，即最后结果的有效数字位数要与各近似值中有效数字位数量少者相同。在实际运算中，可先将各近似值修约至比有效数字位数最少者多保留一位，最后将计算结果按上述规则处理。

10.4.3 乘方和开方

近似值乘方或开方时，原近似值有几位有效数字，计算结果就可以保留几位有效数字。

10.4.4 对数和反对数

大近似值的对数计算中，所取对数的小数点后的位数（不包括首数）应与其数的有效数字位数相同。

10.4.5 求四个或四个以上准确度接近的数值的平均值时，其有效位数可增加一位。

10.5 监测结果的表示方法

所使用的计量单位应采用中华人民共和国法定计量单位。

10.5.1 浓度含量的表示

水和污水分析结果用 mg/L 表示，浓度较小时，则以 μg/L 表示，浓度很大时，例如 COD 12 345 mg/L 应以 1.23×10^4 mg/L 表示，亦可用百分数（%）表示（注明 *m/v* 或 *m/m*）。

底质分析结果用 mg/kg（干基）或 μg/kg（干基）表示。

总硬度用 $CaCO_3$ mg/L 表示。

10.5.2 双份平行测定结果在允许差范围之内，则结果以平均值表示。

平行双样相对偏差的计算方法：

$$相对偏差（\%）=\frac{A-B}{A+B}\times100$$

式中：A，B——同一水样两次平行测定的结果。

当测定结果在检出限（或最小检出浓度）以上时，报实际测得结果值，当低于方法检出限时，报所使用方法的检出限值。并加标志位 L。统计污染总量时以零计。

10.6 校准曲线

10.6.1 校准曲线的相关系数只舍不入，保留到小数点后出现非 9 的一位，如 0.999 89→0.999 8。如果小数点后都是 9 时，最多保留 4 位。

10.6.2 校准曲线的斜率和截距有时小数点后位数很多，最多保留 3 位有效数字，并以幂表示，如 0.000 023 4→2.34×10^{-5}。

10.7 分析结果的统计要求

10.7.1 异常值的判断和处理

一组监测数据中，个别数值明显偏离其所属样本的其余测定值，即为异常值。对异常值的判断和处理，参照 GB 4883—85 进行。

较常采用 Grubbs 检验法和 Dixon 检验法。Grubbs 检验法可用于检验多组（组数 L）测量均值的一致性和剔除多组测量值均值中的异常值，亦可用于检验一组测量值（个数 n）的一致性和剔除一组测量值中的异常值，检出的异常值个数不超过 1；Dixon 检验法用于一组测量值的一致性检验和剔除一组测量值中的异常值，适用于检出一个或多个异常值。

检出异常值的统计检验的显著性水平 a（即检出水平）的适宜取值是 5%。对检出的异常值，按规定以剔除水平 a 代替检出水平 a 进行检验，若在剔除水平下此检验是显著的，则判此异常值为高度异常。剔除水平 a 一般采用 1%。上述规则的选用应根据实际问题的性质，权衡寻找产生异常值原因的代价，正确判断异常值的得益和错误剔除正常值的风险而定。对于剔除多组测量值中精密度较差的一组数据，或对多组测量值的方差一致性检验，则通常采用 Cochran 最大方差检验。

10.7.2 分析结果的精密度表示

用多次平行测定结果进行相对偏差计算的计算式：

$$\text{相对偏差（\%）}=\frac{x_i-\bar{x}}{\bar{x}}\times 100$$

式中：x_i——某一测量值；

$\bar{x}$——多次测量值的均值。

一组测量值的精密度用标准偏差或相对标准偏差表示时的计算式：

$$\text{标准偏差（}S\text{）}=\sqrt{\frac{1}{n-1}\sum_{i=1}^{n}(x_i-x)^2}$$

$$\text{相对标准偏差（RSD，\%）}=\frac{S}{\bar{x}}\times 100$$

10.7.3 分析结果的准确度表示

以加标回收率表示时的计算式：

$$\text{回收率（}P\text{，\%）}=\frac{\text{加标试样的测定值}-\text{试样测量值}}{\text{加标量}}\times 100$$

根据标准物质的测定结果，以相对误差表示时的计算式：

$$\text{相对误差（\%）}=\frac{\text{测定值}-\text{保证值}}{\text{保证值}}\times 100$$

10.8 数据上报

开发地表水和污水监测数据管理系统，以实现本规范规定监测项目的监测数据计算机管理及监测信息上报与相互交流。为了达到监测信息的相互交流，无论哪级开发的系统都必须符合本规范系统开发的原则。

10.8.1 需求分析

地表水和污水监测数据管理系统开发首先要进行充分的系统需求分析。需求分析要以本规范为基础，详细分析本规范全部内容，包括监测分类、监测项目、监测目的、监测分析过程、资料整理等，同时要通过系统调研，分析各级环境保护管理机关、科研单位、社会公众等不同用户对地表水和污水监测信息的各种需求，写出系统分析报告，写出数据流程图、输入表及输出表。系统分析报告要通过有关专家审定。

10.8.2 编码

地表水和污水监测数据管理系统的开发要使用大量的信息编码（或称代码），如监测站编码、河流编码、监测断面编码、断面类型编码、湖库编码、垂线编码、水域功能编码、水期编码、测点编码、污染源编码、排污口编码、国民经济行业编码、企业单位编码、监测项目编码、分析方法编码、分析仪器编码等等。在使用编码或编码时，应遵循凡编码有国家标准的一定使用国家标准，没有国家标准的，用行业标准。当无国标、行业标准时，可自行编码。编码时要注意编码的科学性、唯一性和可扩充性。

10.8.3 原始数据

地表水和污水监测数据管理系统要存贮监测的原始数据及相关连的背景数据，即任一个监测数据要与监测站、监测点位、点位类型、监测时间、分析方法、分析仪器、气象参数、水文参数及其他相关信息关连。这有利于监测数据的深加工利用，满足不同处理方法和不同用户的要求。

10.8.4 计量单位

地表水和污水监测数据管理系统所使用的计量单位都采用中华人民共和国法定计量单位。

10.8.5 数据准确性

一个建立在计算机上的信息系统能否成功运行，主要取决于能否正确地存入准确有效的数据。地表水和污水监测数据管理系统存贮的数据必须是按本规范要求测得的监测数据，必须是有效的数据，有质量保证的数据。对于测得的异常值、无代表性的数据应剔除。

对于计算机管理的数据录入报表，填报人员、复核人员及单位业务主管人员要认真检查、复核，对于录入计算机的数据也要通过各种数据检查方法。系统应有数据检查、修改的功能，以保证存贮在计算机内数据的准确性。

10.8.6 数据上报

我国环境监测数据管理现状是分级管理、逐级上报。管理级别分一、二、三、四级。一级为国家级环境监测网络站，二级为省级环境监测网络站，三级为地（州、盟、市）级环境监测网络站、四级为县（县级市）级环境监测站。一、二、三、四级环境监测网络站的牵头单位分别是中国环境监测总站、省（自治区、直辖市）环境监测中心站、地（州、盟、市）环境监测站和县级环境监测站。各级环境监测网络站组成成员及控制的监测河流、污染源名单由各级环境保护行政主管部门公布。下级网络站的系统应含有上一级网络站所需要的监测信息，以利于逐级上报时提取。

10.8.7 系统目标

地表水和污水监测数据管理系统的开发要灵活、开放、可扩充。界面友好、操作简便、与其他系统兼容性好并留有扩充空间和二次开发的余地。除满足本规范“资料整编”中年度统计、水环境监测季报、水环境质量年报、水环境监测年鉴、污染事故快报外，还应满足环境保护机关例行报表、报告及辅助决策要求，同时要满足数据传输、各类用户随机查询和网上发布的要求。

11 监测质量保证与质量控制

水质监测质量保证是贯穿监测全过程的质量保证体系，包括：人员素质、监测分析方法的选定、布点采样方案和措施、实验室内的质量控制、实验室间质量控制、数据处理和报告审核等一系列质量保证措施和技术要求。

11.1 监测人员的素质要求

11.1.1 监测人员技术要求

具备扎实的环境监测基础理论和专业知识；正确熟练地掌握环境监测中操作技术和质量控制程序；熟知有关环境监测管理的法规、标准和规定；学习和了解国内外环境监测新技术，新方法。

11.1.2 监测人员持证上岗制度

凡承担监测工作，报告监测数据者，必须参加合格证考核（包括基本理论，基本操作技能和实际样品的分析三部分）。考核合格，取得（某项目）合格证，才能报出（该项目）监测数据。

11.2 监测仪器管理与定期检查

11.2.1 为保证监测数据的准确可靠，达到在全国范围内的统一可比，必须执行计量法，对所用计量分析仪器进行计量检定，经检定合格，方准使用。

11.2.2 应按计量法规定，定期送法定计量检定机构进行检定，合格方可使用。

11.2.3 非强制检定的计量器具，可自行依法检定，或送有授权对社会开展量值传递工作资质的计量检定机构进行检定，合格方可使用。

11.2.4 计量器具在日常使用过程中的校验和维护。如天平的零点，灵敏性和示值变动性；分光光度计的波长准确性、灵敏度和比色皿成套性；pH 计的示值总误差；以及仪器调节性误差，应参照有关计量检定规程定期校验。

11.2.5 新购置的玻璃量器，在使用前，首先对其密合性、容量允许差、流出时间等指标进行检定，合格方可使用。

11.3 水质监测分析方法的选用和验证

11.3.1 对不同的监测分析对象所选用的分析方法要遵循本规范中 6.2.1 选择分析方法所确定的原则。

11.3.2 当实验室不具备采用标准方法或统一方法的条件时，或者水样十分复杂，采用标准方法或统一方法不能得到合格的测定数据，必须做方法验证和对比实验，证明该方法的主要特性参数：方法检出浓度、精密度、准确度、干扰影响等与标准方法有等效性、可靠性，并报省级以上环境监测部门审批、核准。

11.4 水质监测布点采样的质量保证

11.4.1 地表水质的布点采样质量保证见 4.2.4 水质采样的质量保证。

11.4.2 底质采样质量保证见 4.3.2 底质采样质量保证。

11.4.3 污水监测采样质量保证见 4.2.4 水质采样的质量保证和 5.2 污染源污水监测的采样。

11.5 分析实验室的基础条件

11.5.1 实验室环境：应保持实验室整洁、安全的操作环境，通风良好，布局合理，安全操作的基本条件。做到相互干扰的监测项目不在同一实验室内操作。对可产生刺激性、腐蚀性、有毒气体的实验操作应在通风柜内进行。分析天平应设置专室，做到避光、防震、防尘、防腐蚀性气体和避免对流空气。化学试剂贮藏室必须防潮、防火、防爆、防毒、避光和通风。

11.5.2 实验用水：一般分析实验用水电导率应小于 3.0 μS/cm。特殊用水则按有关规定制备，检验合格后使用。盛水容器应定期清洗，以保持容器清洁，防止沾污而影响水的质量。

11.5.3 实验器皿：根据实验需要，选用合适材质的器皿，使用后应及时清洗、晾干，防止灰尘等沾污。

11.5.4 化学试剂：应采用符合分析方法所规定的等级的化学试剂。配制一般试液，应不低于分析纯级。取用时，应遵循“量用为出，只出不进”的原则，取用后及时密塞，分类保存，严格防止试剂被沾污。不应将固体试剂与液体试剂或试液混合贮放。经常检查试剂质量，一经发现变质、失效的试剂应及时废弃。

11.5.5 试液的配制和标准溶液的标定

11.5.5.1 试液，应根据使用情况适量配制。选用合适材质和容积的试剂瓶盛装，注意瓶塞的密合性。

11.5.5.2 用精密称量法直接配制标准溶液，应使用基准试剂或纯度不低于优级纯的试剂，所用溶剂应为 GB 6682—86《实验室用水规格》规定的二级以上纯水或优级纯（不得低于分析纯）溶剂。称样量不应小于 0.1 g，用检定合格的容量瓶定容。

11.5.5.3 用基准物标定法配制的标准溶液，至少平行标定三份，平行标定相对偏差不大于 0.2%，取其平均值计算溶液的浓度。

11.5.5.4 试剂瓶上应贴有标签，应写明试剂名称、浓度、配制日期和配制人。试液瓶中试液一经倒出，不得返回。保存于冰箱内的试液，取用时应置室温使达平衡后再量取。

11.6 监测分析实验室内部质量控制

11.6.1 分析方法的适用性检验

分析人员在承担新的分析项目和分析方法时，应对该项目的分析方法进行适用性检验。进行全程序空白值测定，分析方法的检出浓度测定，校准曲线的绘制，方法的精密度、准确度及干扰因素等试验。以了解和掌握分析方法的原理和条件，达到方法的各项特性要求。

11.6.1.1 全程序空白值的测定

空白值是指以实验用水代替样品，其他分析步骤及使用试液与样品测定完全相同的操作过程所测得的值。影响空白值的因素有：实验用水的质量、试剂的纯度、器皿的洁净程度、计量仪器的性能及环境条件等。一个实验室在严格的操作条件下，对某个分析方法的空白值通常在很小的范围内波动。空白值的测定方法是：每批做平行双样测定，分别在一段时间内（隔天）重复测定一批，共测定 5～6 批。

按下式计算空白平均值。

$$\bar{b} = \frac{\sum X_b}{mn} \tag{11-1}$$

式中：$\bar{b}$——空白平均值；

X_b——空白测定值；

m——批数；

n——平行份数。

按下式计算批内标准偏差。

$$S_{wb} = \sqrt{\frac{\sum_{i=1}^{m}\sum_{j=1}^{n}X_{ij}^2 - \frac{1}{n}\sum_{i=1}^{m}(\sum_{j=1}^{n}X_{ij})^2}{m(n-1)}} \tag{11-2}$$

式中：S_{wb}——空白批内标准偏差；

X_{ij}——为各批所包含的各个测定值；

i——代表批；

j——代表同一批内各个测定值。

11.6.1.2　检出浓度

检出浓度为某特定分析方法在给定的置信度（通常为 95%）内可从样品中检出待测物质的最小浓度。所谓“检出”是指定性检出，即判定样品中存有浓度高于空白的待测物质。检出限受仪器的灵敏度和稳定性，全程序空白试验值及其波动性的影响。

对不同的测试方法检出限有几种求法，如：

① $DL = 2\sqrt{2}t_f S_{wb}$

式中：DL——检出浓度；

t_f——显著性水平为 0.05（单测），自由度为 f 的 t 值。

当遇到某些仪器的灵敏度较低，测得的 X_b=0 时，可配置接近零浓度的标准溶液来代替实验用水进行试验。

②进行≥20 次的空白值的重复测定，求得空白值浓度表示的标准偏差 S_b，则 3 倍的标准偏差 $3S_b$，为其检出浓度。

③某些分光光度法中，以与扣除空白值后的 0.01 吸光度所对应的浓度值定为该方法的检出浓度。

实验室所测得的分析方法的检出浓度必须达到等于（或小于）该标准方法所提出的检出浓度值。

11.6.1.3　校准曲线的制作

校准曲线是表述待测物质浓度与所测量仪器响应值的函数关系，制好校准曲线是取得准确测定结果的基础。

①水质分析使用的校准曲线为该分析方法的直线范围，根据方法的测量范围（直线范围），配制一系列浓度的标准溶液，系列的浓度值应较均匀分布在测量范围内，系列点≥6 个（包括零浓度）。

②校准曲线测量应按样品测定的相同操作步骤进行（经过实验证实，标准溶液系列在省略部分操作步骤时，直接测量的响应值与全部操作步骤具有一致结果时，可允许省略操作步骤），测得的仪器响应值在扣除零浓度的响应值后，绘制曲线。

③用线性回归方程计算出校准曲线的相关系数，截距和斜率，应符合标准方法中规定的要求，一般情况相关系数（r）应≥0.999。

④用线性回归方程计算结果时，要求 $r \geq 0.999$。

⑤对某些分析方法，如石墨炉原子吸收分光光度法、离子色谱法、等离子发射光谱法、气相色谱法、气相色谱—质谱法、等离子发射光谱—质谱法等，应检查测量信号与测定浓度的线性关系，当 $r \geq 0.999$ 时，可用回归方程处理数据；若 $r < 0.999$，而测量信号与浓度确实存在一定的线性关系，可用比例法计算结果。

11.6.1.4　精密度检验

精密度是指使用特定的分析程序，在受控条件下重复分析测定均一样品所获得测定值之间的一致性程度。

检验分析方法精密度时，通常以标准溶液（浓度可选在校准曲线上限浓度值的 0.1 倍和 0.9 倍）、实际水样和水样加标三种分析样品，求得批内、批间和总标准偏差，偏差值应等于（或小于）方法规定的值。

11.6.1.5　准确度检验

准确度是反映方法系统误差和随机误差的综合指标。检验准确度可采用：①使用标准物质进行分析测定，测得值与保证值比较求得绝对误差。②用加标回收率测定（加标量一般为样品含量的 0.5～2 倍，但加标后的总浓度应不超过方法的上限浓度值）。

测得的绝对误差和回收率应符合方法规定要求。

11.6.1.6　干扰试验

针对实际样品中可能存在的共存物，检验其是否对测定有干扰，及了解共存物的最大允许浓度。

干扰可能导致正或负的系统误差，其作用与待测物浓度和共存物浓度大小有关。为此干扰试验应选择两个（或多个）待测物浓度值和不同水平的共存物浓度的溶液进行试验测定。

11.6.2　实验分析质控程序

11.6.2.1　送入实验室水样首先应核对采样单，容器编号，包装情况，保存条件和有效期等。符合要求的样品方可开展分析。

11.6.2.2　每批水样分析时，空白样品对被测项目有响应的，必须做一个实验室空白，对出现空白值明显偏高时，应仔细检查原因，以消除空白值偏高的因素。

11.6.2.3　水样分析

用分光光度法校准曲线定量时，必须检验校准曲线的相关系数和截距是否正常。

原子吸收分光光度法，气相色谱法等仪器分析方法校准曲线制作，必须与样品测定同时进行。

11.6.2.4　精密度控制

对均匀样品，凡能做平行双样的分析项目，分析每批水样时均须做 10%的平行双样，样品较少时，每批样品应至少做一份样品的平行双样。平行双样可采用密码或明码编入。测定的平行双样允许差符合规定质控指标的样品，最终结果以双样测试结果的平均值报出。平行双样测试结果超出规定允许偏差时，在样品允许保存期内，再加测一次，取相对偏差符合规定质控指标的两个测定值报出。

11.6.2.5　准确度控制

例行地表水质监测中，采用标准物质或质控样品作为控制手段，每批样品带一个已知浓度的质控样品。如果实验室自行配制质控样，要注意与国家标准物质比对，但不得使用与绘制校准曲线相同的标准溶液，必须另行配制。质控样品的测试结果应控制在 90%～110%范围，标准物质测试结果应控制在 95%～105%范围，对痕量有机污染物应控制在 60%～140%。

污水样品中污染物浓度波动性较大，加标回收实验中加标量难以控制，对一些样品性质复杂的水样，需做监测分析方法适用性试验，或加标回收试验。污水平行样的偏差及油类测定的准确度和精密度的控制可适当放宽要求。

11.6.2.6 执行三级审核制

审核范围：采样—分析原始记录—报告表，审核内容包括监测采样方案及其执行情况，数据计算过程，质控措施，计量单位，编号等。

第一级审核为采样人员之间及分析人员之间的互校；第二级为室（科或组）负责人的审核；第二级为站技术负责人（或技术主管）的审核。第一级互校后，校核人应在原始记录上签名，第二、三级审核后，应在报告表上签名。

11.7 实验室间的质量控制

11.7.1 上一级站对下属监测站的质量保证工作应定期进行检查、指导，进行优质实验室和优秀监测人员的考评工作，促进监测队伍整体技术水平的提高。

11.7.2 上级站定期对下属站使用标准工作溶液与标准物质的比对测试进行考核，判断实验室间是否存在显著性差异，减少系统误差，也可采用稳定均匀的实验室实际水样，分送有关实验室测定，比较两者测定结果是否存在显著性差异。

11.8 质量保证管理

根据国家环境保护局《环境监测质量保证管理规定（暂行）》，各级环境监测站应设置相应的质量保证管理机构，如质保室（组），配备专职（或兼职）质保人员，负责组织协调，贯彻落实和检查有关质量保证措施，使监测全过程处于受控状态。

11.9 水质监测安全

各监测站（实验室）应制定符合本单位实情的监测安全制度，内容包括水上采样，实验室安全操作，剧毒化学药品的管理等，并严格执行和定期检查，保证监测工作的顺利进行。

12 资料整编

监测资料的整编由各级环境监测站负责完成。

水质监测实验室委派负责人负责地表水和污水监测资料的整理工作。在资料整理时，对水和污水监测的各个环节；监测断面、垂线、排污口、采样点的布设，样品的采集、保存、运送、监测项目、分析方法、校准曲线的绘制、分析结果等均按本规范要求进行全面检查，认真核实。发现可疑之处，应查明原因，予以纠正。当原因不明时，应如实说明情况，但不得任意修改或舍弃数据。

所整理的资料都应经组、室、站三级审核、签字，并由室分别按时间顺序装订成册，由站技术档案室存档。

12.1 原始资料的整理

12.1.1 现场采样原始记录表

（1）表 12-1 水质采样记录表

监测站名____________________ 年度__________

编号	河流（湖库）名称	采样月日	断面名称	采样位置				气象参数					流速（m/s）	流量（m^3/s）	现场测定记录						备注
				断面号	垂线号	点位号	水深（m）	气温（℃）	气压（kPa）	风向	风速（m/s）	相对湿度（%）			水温（℃）	pH	溶解氧（mg/L）	透明度（cm）	电导率（μS/cm）	感观指标描述	

采样人员：________________ 记录人员：______________

（2）表 12-2 底质采样记录表

监测站名____________________ 年度____________

序号	河流（湖库）名称	采样断面（点）	采样时间	水深（m）	采样工具	编号	底质类型	颜色	嗅	其他特征	备注

现场情况描述

____

采样人员：____________ 记录人员：____________

（3）表 12-3 污水采样记录表

监测站名____________________ 年度____________

序号	企业名称	行业名称	采样口	采样口位置车间或出厂口	采样口流量（m^3/s）	采样时间月日	颜色	嗅	备注

现场情况描述：

治理设施运行状况：

采样人员：____________ 企业接待人员：____________ 记录人员：____________

12.1.2 样品送检单

（1）表 12-4 水样送检表

监测站名________________ 年度__________

样品编号	采样河流（湖、库）	采样断面及采样点	采样时间（月、日）	添加剂种类	数量	分析项目	备注

送样人员：__________ 接样人员：__________ 送检时间：____________

（2）表 12-5 底质送检表

监测站名________________ 年度__________

样品编号	采样河流（湖、库）	采样断面及采样点	采样时间（月、日）	分析项目	备注

送样人员：__________ 接样人员：__________ 送检时间：__________

（3）表 12-6 污水送检表

监测站名____________________ 年度____________

样品编号	企业名称	行业名称	采样口名称	采样时间（月、日）	备注

送样人员：____________ 接样人员：____________ 送检时间：______________

12.1.3 实验室各种原始记录

实验室各种原始记录主要是实验室内部质量控制有关图表；分析试剂配制表；标定记录表；有关分析项目的校准曲线；分析检验记录及分析结果记录表等。由于水和污水分析项目多，分析方法多，分析仪器各不相同，各种原始记录表格可自行设计，但主要记录项目不可缺少。如样品名称、样品编号、采样地点、采样时间、分析方法、分析仪器名称及型号，测定项目、分析时间、室温、水温、标准溶液名称和浓度及配制日期、取样体积、计量单位、测定值、计算公式等。总之，实验室各种原始记录要求详尽、真实、清晰。

12.1.4 绘制所辖区域水系图、湖泊水库图、污染源及排污口分布图

分布图幅一般为 A3，图的正上方为正北，正下方为正南，须详细部分采用局部放大法。图上应标明比例尺和图例。

12.1.4.1 河流监测断面位置图

在水系图上作河流监测断面图，并标明断面名称、位置、水流方向，抽水、引水地点及水工建筑物位置，主要污染源排污口名称、位置，河流水位及流量是否受人工控制、低水位时是否干涸，滨海河口是否受潮汐影响等。

12.1.4.2　湖泊水库垂线位置图

在湖泊水库图上作湖泊水库垂线位置图，并标明监测垂线名称、位置，如有主要河流输送线时，应标明水流方向。还要标明出、入河流名称、位置、水流方向，抽水、引水地点及水工建筑物位置，主要污染源及排污口的名称、位置等。

12.1.4.3　污染源、排污口位置图

在污染源分布图上作污染源、排污口位置图，并标明其名称、位置、污水流向，纳污河流、湖泊、水库名称、位置、引水、抽水地点及水工建筑物、治理工程名称、位置等。

12.2　填写监测项目和分析方法表

（1）表 12-7　地表水监测项目和分析方法表

监测站名______________________　　年度____________

监测项目名称	分析方法名称	使用仪器名称及型号	最低检出限

注：此表只填写本站水质监测项目及分析方法、使用仪器、最低检出限（注明单位）。

填表人员：____________　复核人员：_____________　填表日期　　年　　月　　日

（2）表 12-8　底质监测项目和分析方法表

监测站名______________________　　年　度____________

监测项目名称	分析方法名称	使用仪器名称及型号	最低检出限

监测项目名称	分析方法名称	使用仪器名称及型号	最低检出限

注：此表只填写本站底质监测项目及分析方法、使用仪器、最低检出限（注明单位）。

填表人员：____________ 复核人员：_____________ 填表日期 年 月 日

（3）表 12-9 污水监测项目和分析方法表

监测站名______________________ 年 度____________

监测项目名称	分析方法名称	使用仪器名称及型号	最低检出限

注：此表只填写本站污水监测项目及分析方法、使用仪器、最低检出限（注明单位）。

填表人员：____________ 复核人员：_____________ 填表日期 年 月 日

12.3 汇总监测结果

（1）表 12-10 河流（湖库）水质监测结果汇总表

监测站名______________________ 年度____________

<table>
<tr><th rowspan="2">河流（湖库）
名称</th><th rowspan="2">断面（垂线）
名称</th><th colspan="3">采样时间</th><th>水期</th><th colspan="2" rowspan="2">水温
（℃）</th><th colspan="2" rowspan="2">水深
（m）</th><th colspan="2" rowspan="2">流量
（m^3/s）</th></tr>
<tr><th>月</th><th colspan="2">日</th><th></th></tr>
<tr><td></td><td></td><td></td><td colspan="2"></td><td></td><td colspan="2"></td><td colspan="2"></td><td colspan="2"></td></tr>
<tr><td rowspan="2">监测项目</td><td rowspan="2">监测结果
单位</td><td colspan="10">采样点位置</td></tr>
<tr><td></td><td></td><td></td><td></td><td></td><td></td><td></td><td></td><td></td><td></td></tr>
<tr><td></td><td></td><td></td><td></td><td></td><td></td><td></td><td></td><td></td><td></td><td></td><td></td></tr>
</table>

河流（湖库）名称	断面（垂线）名称	采样时间		水期	水温（℃）	水深（m）	流量（m^3/s）
		月	日				

注：1. 水期分丰、枯、平、洪；

2. 采样点位置根据采样点水平方向左、中、右与垂直方向上、中、下组合填写，如左上、中下等；

3. 监测结果如小于最低检出限时填最低检出再加“L”；如大于测量上限时，填最大可测量值再加“G”（如0.001 L；99.9 G）；

4. 监测项目按本站实测项目填写，必测项目在上，选测项目在下。

填表人员：__________ 复核人员：__________ 填表日期 年 月 日

（2）表 12-11 城市饮用水水源地水质监测结果汇总表

监测站名____________ 年度________

采样水体名称	采样点名称	采样时间			水期	水温（℃）		水深（m）		流量（m^3/s）	
		月		日							
监测项目	监测结果 / 单位	采样点位置									

注：同表 12-10。

填表人员：__________ 复核人员：__________ 填表日期 年 月 日

（3）表 12-12 底质监测结果汇总表

监测站名______________ 年度________

采样水体名称	采样点名称	采样时间		监测结果（mg/kg）										
		月	日	砷	汞	铬	镉	铜	锌	硫化物	有机氯农药	有机磷农药	烷基汞	有机质

注：监测结果如小于最低检出限时，填最低检出限，再加“L”；如大于测量的上限时，填最大可测量值，再加“G”。

填表人员：________ 复核人员：________ 填表日期 年 月 日

（4）表 12-13 污水监测结果汇总表

监测站名______________ 年度________

企业名称	行业类别	污染源管理级别	采样点位置	采样点名称	采样时间		流量（m^3/s）
					月	日	

监测项目	单位	监测结果	监测项目	单位	监测结果

注：1. 采样点位置是指车间排污口，出厂排污口；

2. 监测结果如小于最低检出限时，填最低检出限，并加注“L”；如大于测量上限时，填最大可测量值加注“G”；

3. 监测项目据实测项目填写，必测项目与选测项目分左、右填写。

填表人员：________ 复核人员：________ 填表日期 年 月 日

12.4 监测结果年度统计

（1）表 12-14 河流水质监测年度统计表

监测站名____________________ 年度____________

河流名称	断面名称	统计项目	监测项目 监测结果（单位）									
		样本数										
		最大值										
		最小值										
		平均值										
		超标率	%									
		样本数										
		最大值										
		最小值										
		平均值										
		超标率	%									
		样本数										
		最大值										
		最小值										
		平均值										
		超标率	%									

注：监测项目据实测填写，必测项目与选测项目自左至右依次填写。

填表人员：____________ 复核人员：____________ 填表日期 年 月 日

（2）表 12-15 湖泊、水库水质监测年度统计表

监测站名＿＿＿＿＿＿＿＿＿＿＿＿ 年度＿＿＿＿＿＿＿

湖库名称	垂线名称	统计项目	监测项目 监测结果（单位）									
		样本数										
		最大值										
		最小值										
		平均值										
		超标率	%									
		样本数										
		最大值										
		最小值										
		平均值										
		超标率	%									
		样本数										
		最大值										
		最小值										
		平均值										
		超标率	%									

注：监测项目据实测填写，必测项目与选测项目自左至右依次填写。

填表人员：＿＿＿＿＿＿ 复核人员：＿＿＿＿＿＿ 填表日期 年 月 日

（3）表 12-16　饮用水水源地水质监测年度统计表

监测站名______________　年度__________

水源地名称	供水量（万 t/d）	占全市供水百分比（%）	统计项目	监测项目 / 监测结果（单位）								
			样本数									
			最大值									
			最小值									
			平均值									
			超标率	%								
			样本数									
			最大值									
			最小值									
			平均值									
			超标率	%								
			样本数									
			最大值									
			最小值									
			平均值									
			超标率	%								

注：监测项目据实测填写，必测项目与选测项目自左至右依次填写。

填表人员：__________　复核人员：__________　填表日期　　年　　月　　日

（4）表 12-17　重点污染源污水排放年度统计表

监测站名____________________　　年度__________

重点污染源名称	工业废水			各种污染物排放量（t/a）						
	总量（t/a）	处理量（t/a）	符合排放标准量（t/a）							

注：必测项目与选测项目自左至右依次填写。

填表人员：__________　复核人员：__________　填表日期　　年　　月　　日

（5）表 12-18　底质监测年度统计表

监测站名____________________　　年度__________

湖库名称	垂线名称	监测项目 / 统计项目	污染物含量（mg/kg）									
			砷	汞	铬	镉	铜	锌	硫化物	有机氯农药	有机磷农药	烷基汞
		样本数										
		最大值										
		最小值										
		平均值										
		样本数										
		最大值										
		最小值										
		平均值										

湖库名称	垂线名称	监测项目 / 统计项目	污染物含量（mg/kg）									
			砷	汞	铬	镉	铜	锌	硫化物	有机氯农药	有机磷农药	烷基汞
		样本数										
		最大值										
		最小值										
		平均值										

填表人员：__________ 复核人员：__________ 填表日期 年 月 日

（6）表 12-19 河流特征与水文参数年度统计表

监测站名______________ 年度________

河流名称	年径流量（亿 m^3）	平均流量（m^3/s）	最大流量（m^3/s）	最小流量（m^3/s）	最小月平均流量（m^3/s）	平均含沙量（kg/m^3）	最大含沙量（kg/m^3）

注：因河流多是跨区域的，只填报本辖区部分，由流域网主管单位汇总，上报。

填表人员：__________ 复核人员：__________ 填表日期 年 月 日

（7）表 12-20 湖泊、水库主要特征参数年度统计表

监测站名______________ 年度________

湖泊水库名称	汇水面积（km^2）	水面面积（km^2）	蓄水量（亿 m^3）	淤积库容（km^2）	入湖（库）流量（m^3/s）	出湖（库）流量（m^3/s）	湖库功能

注：因湖泊多是跨区域的，只填报本辖区部分，由流域网主管单位汇总，上报。

填表人员：__________ 复核人员：__________ 填表日期 年 月 日

（8）表 12-21　入河（湖泊、水库）污水排放年度统计表

监测站名____________________　　年度___________

纳污水体名称	水量（万 t/a）		综合污染指标（t/a）			有毒物质数量（t/a）						
	生活污水	工业废水	悬浮物	化学需氧量	生化需氧量	石油类	氰化物	砷	汞	六价铬	铅	镉

填表人员：____________　复核人员：___________　填表日期　　年　　月　　日

附表 1　水和污水监测分析方法（3）（4）

序号	监测项目	分析方法	最低检出浓度（量）	有效数字最多位数	小数点后最多位数（5）	备注
1	水温	温度计法	0.1℃	3	1	GB 13195—91
2	色度	1. 铂钴比色法 2. 稀释倍数法	— —	— —	— —	GB 11903—89 GB 11903—89
3	臭	1. 文字描述法 2. 臭阈值法	— —	— —	— —	（1） （1）
4	浊度	1. 分光光度法 2. 目视比浊法	3 度 1 度	3 3	0 1	GB 13200—91 GB 13200—91
5	透明度	1. 铅字法 2. 塞氏圆盘法 3. 十字法	0.5 cm 0.5 cm 5 cm	2 2 2	1 1 0	（1） （1） （1）
6	pH	1. 玻璃电极法	0.1（pH 值）	2	2	GB 6920—86

序号	监测项目	分析方法	最低检出浓度（量）	有效数字最多位数	小数点后最多位数（5）	备注
7	悬浮物	1. 重量法	4 mg/L	3	0	GB 11901—89
8	矿化度	1. 重量法	4 mg/L	3	0	（1）
9	电导率	1. 电导仪法	1 μS/cm（25℃）	3	1	（1）
10	总硬度	1. EDTA 滴定法 2. 钙镁换算计 3. 流动注射法	0.05 mmol/L — —	3 — —	2 — —	GB 7477—87 （1） （1）
11	溶解氧	1. 碘量法 2. 电化学探头法	0.2 mg/L —	3 3	1 1	GB 7489—87 GB 11913—89
12	高锰酸盐指数	1. 高锰酸盐指数 2. 碱性高锰酸钾法 3. 流动注射连续测定法	0.5 mg/L 0.5 mg/L 0.5 mg/L	3 3 3	1 1 1	GB 11892—89 （1） （1）
13	化学需氧量	1. 重铬酸盐法 2. 库仑法 3. 快速 COD 法（①催化快速法，②密闭催化消解法，③节能加热法）	5 mg/L 2 mg/L 2 mg/L	3 3 3	0 0 1	GB 11914—89 （1） 需与标准回流 2 h 进行对照 （1）
14	生化需氧量	1. 稀释与接种法 2. 微生物传感器快速测定法	2 mg/L —	3 3	1 1	GB 7488—87 HJ/T 86—2002
15	氨氮	1. 纳氏试剂光度法 2. 蒸馏和滴定法 3. 水杨酸分光光度法 4. 电极法	0.025 mg/L 0.2 mg/L 0.01 mg/L 0.03 mg/L	4 4 4 3	3 2 3 3	GB 7479—87 GB 7478—87 GB 7481—87
16	挥发酚	1. 4—氨基安替比林萃取光度法 2. 蒸馏后溴化容量法	0.002 mg/L —	3 —	4 —	GB 7490—87 GB 7491—87
17	总有机碳	1. 燃烧氧化—非分散红外线吸收法 2. 燃烧氧化—非分散红外法	0.5 mg/L 0.5 mg/L	3 3	1 1	GB 13193—91 HJ/T 71—2001

序号	监测项目	分析方法	最低检出浓度（量）	有效数字最多位数	小数点后最多位数（5）	备注
18	油类	1. 重量法 2. 红外分光光度法	10 mg/L 0.1 mg/L	3 3	0 2	（1） GB/T 16488—1996
19	总氮	碱性过硫酸钾消解—紫外分光光度法	0.05 mg/L	3	2	GB 11894—89
20	总磷	1. 钼酸铵分光光度法 2. 孔雀绿—磷钼杂多酸分光光度法 3. 氯化亚锡还原光光度法 4. 离子色谱法	0.01 mg/L 0.005 mg/L 0.025 mg/L 0.01 mg/L	3 3 3 3	3 3 3 3	GB 11893—89 （1） （1） （1）
21	亚硝酸盐氮	1. *N*-（1-萘基-）-乙二胺比色法 2. 分光光度法 3. α-萘胺比色法 4. 离子色谱法 5. 气相分子吸收法	0.005 mg/L 0.003 mg/L 0.003 mg/L 0.05 mg/L 5 μg/L	3 3 3 3 3	3 4 4 2 1	GB 13 580.7—92 GB 7493—87 GB 13 589.5—92 （1） （1）
22	硝酸盐氮	1. 酚二磺酸分光光度法 2. 镉柱还原法 3. 紫外分光光度法 4. 离子色谱法 5. 气相分子吸收法 6. 电极流动法	0.02 mg/L 0.005 mg/L 0.08 mg/L 0.04 mg/L 0.03 mg/L 0.21 mg/L	3 3 3 3 3 3	3 3 2 2 3 2	GB 7480—87 （1） （1） （1） （1） （1）
23	凯氏氮	蒸馏—滴定法	0.2 mg/L	3	2	GB 11891—89
24	酸度	1. 酸碱指示剂滴定法 2. 电位滴定法	— —	3 4	1 2	（1） （1）
25	碱度	1. 酸碱指示剂滴定法 2. 电位滴定法	— —	4 4	1 2	（1） （1）
26	氯化物	1. 硝酸银滴定法 2. 电位滴定法 3. 离子色谱法 4. 电极流动法	2 mg/L 3.4 mg/L 0.04 mg/L 0.9 mg/L	3 3 3 3	1 1 2 1	GB 11896—89 （1） （1） （1）

序号	监测项目	分析方法	最低检出浓度（量）	有效数字最多位数	小数点后最多位数（5）	备注
27	游离氯和总氯（活性氯）	1. N,N-二乙基-1,4-苯二胺滴定法	0.03 mg/L	3	3	GB 11897—89
		2. N,N-二乙基-1,4-苯二胺分光光度法	0.05 mg/L	3	2	GB 11898—89
28	二氧化氯	连续滴定碘量法	—	4	4	GB 4287—92 附录 A
29	氟化物	1. 离子选择电极法（含流动电极法）	0.05 mg/L	3	2	GB 7484—87
		2. 氟试剂分光光度法	0.05 mg/L	3	2	GB 7483—87
		3. 茜素磺酸锆目视比色法	0.05 mg/L	3	2	GB 7482—87
		4. 离子色谱法	0.02 mg/L	3	3	（1）
30	氰化物	1. 异烟酸—吡唑啉酮比色法	0.004 mg/L	3	3	GB 7486—87
		2. 吡啶—巴比妥酸比色法	0.002 mg/L	3	4	GB 7486—87
		3. 硝酸银滴定法	0.25 mg/L	3	2	GB 7486—87
31	石棉	重量法	4 mg/L	3	0	GB 11901—89
32	硫氰酸盐	异烟酸—吡唑啉酮分光光度法	0.04 mg/L	3	2	GB/T 13897—92
33	铁（II，III）氰化合物	1. 原子吸收分光光度法	0.5 mg/L	3	1	GB/T 13898—92
		2. 三氯化铁分光光度法	0.4 mg/L	3	1	GB/T 13899—92
34	硫酸盐	1. 重量法	10 mg/L	3	0	GB 11899—89
		2. 铬酸钡光度法	1 mg/L	3	1	（1）
		3. 火焰原子吸收法	0.2 mg/L	3	2	GB 13196—91
		4. 离子色谱法	0.1 mg/L	3	2	（1）
35	硫化物	1. 亚甲基蓝分光光度法	0.005 mg/L	3	3	GB/T 16489—1996
		2. 直接显色分光光度法	0.004 mg/L	3	3	GB/T 17133—1997
		3. 间接原子吸收法		3	2	（1）
		4. 碘量法	0.02 mg/L	3	3	（1）
36	银	1. 火焰原子吸收法	0.03 mg/L	3	3	GB 11907—89
		2. 镉试剂 2B 分光光度法	0.01 mg/L	3	3	GB 11908—89
		3. 3,5-Br$_2$-PADAP 分光光度法	0.02 mg/L	3	3	GB 11909—89

序号	监测项目	分析方法	最低检出浓度（量）	有效数字最多位数	小数点后最多位数（5）	备注
37	砷	1. 硼氢化钾—硝酸银分光光度法	0.000 4 mg/L	3	4	GB 11900—89
		2. 氢化物发生原子吸收法	0.002 mg/L	3	4	（1）
		3. 二乙基二硫代氨基甲酸银分光光度法	0.007 mg/L	3	3	GB 7485—87
		4. 等离子发射光谱法	0.2 mg/L	3	2	（1）
		5. 原子荧光法	0.5 μg/L	3	1	（1）
38	铍	1. 石墨炉原子吸收法	0.02 μg/L	3	3	HJ/T 59—2000
		2. 铬菁 R 光度法	0.2 μg/L	3	2	HJ/T 58—2000
		3. 等离子发射光谱法	0.02 mg/L	3	3	（1）
39	镉	1. 流动注射—在线富集火焰原子吸收法	2 μg/L	3	1	环监测[1995]079 号文
		2. 火焰原子吸收法	0.05 mg/L（直接法）	3	2	GB 7475—87
			1 μg/L（螯合萃取法）	3	1	GB 7475—87
		3. 双硫腙分光光度法	1 μg/L	3	1	GB/T 7471—87（1）
		4. 石墨炉原子吸收法	0.10 μg/L	3	2	（1）
		5. 阳极溶出伏安法	0.5 μg/L	3	1	（1）
		6. 极谱法	10^{-6} mol/L	3	1	（1）
		7. 等离子发射光谱法	0.006 mg/L	3	3	（1）
40	铬	1. 火焰原子吸收法	0.05 mg/L	3	2	（1）
		2. 石墨炉原子吸收法	0.2 μg/L	3	2	（1）
		3. 高锰酸钾氧化—二苯碳酰二肼分光光度法	0.004 mg/L	3	3	GB 7466—87
		4. 等离子发射光谱法	0.02 mg/L	3	3	（1）
41	六价铬	1. 二苯碳酰二肼分光光度法	0.004 mg/L	3	3	GB 7467—87
		2. APDC—MIBK 萃取原子吸收法	0.001 mg/L	3	4	（1）
		3. DDTC—MIBK 萃取原子吸收法	0.001 mg/L	3	4	（1）
		4. 差示脉冲极谱法	0.001 mg/L	3	4	（1）

序号	监测项目	分析方法	最低检出浓度（量）	有效数字最多位数	小数点后最多位数（5）	备注
42	铜	1. 火焰原子吸收法	0.05 mg/L（直接法）	3	2	GB 7475—87
			1 μg/L（螯合萃取法）	3	1	GB 7475—87
		2. 2,9-二甲基-1,10-菲啰啉分光光度法	0.06 mg/L	3	2	GB 7473—87
		3. 二乙基二硫代氨基甲酸钠分光光度法	0.01 mg/L	3	3	GB 7474—87
		4. 流动注射—在线富集火焰原子吸收法	2 μg/L	3	1	（1）
		5. 阳极溶出伏安法	0.5 μg/L	3	1	（1）
		6. 示波极谱法	10^{-6} mol/L	3	1	（1）
		7. 等离子发射光谱法	0.02 mg/L	3	3	（1）
43	汞	1. 冷原子吸收法	0.1 μg/L	3	2	GB 7468—87
		2. 原子荧光法	0.01 μg/L	3	3	（1）
		3. 双硫腙光度法	2 μg/L	3	1	GB 7469—87
44	铁	1. 火焰原子吸收法	0.03 mg/L	3	3	GB 11911—89
		2. 邻菲罗啉分光光度法	0.03 mg/L	3	3	
45	锰	1. 火焰原子吸收法	0.01 mg/L	3	3	GB 11911—89
		2. 高碘酸钾氧化光度法	0.05 mg/L	3	2	GB 11906—89
		3. 等离子发射光谱法	0.002 mg/L	3	4	（1）
46	镍	1. 火焰原子吸收法	0.05 mg/L	3	2	GB 11912—89
		2. 丁二酮肟分光光度法	0.25 mg/L	3	2	GB 11910—89
		3. 等离子发射光谱法	0.02 mg/L	3	3	（1）
47	铅	1. 火焰原子吸收法	0.2 mg/L（直接法）	3	2	GB 7475—87
			10 μg/L（螯合萃取法）	3	0	GB 7475—87
		2. 流动注射—在线富集火焰原子吸收法	5.0 μg/L	3	1	环监[1995]079 号文
		3. 双硫腙分光光度法	0.01 mg/L	3	3	GB 7470—87
		4. 阳极溶出伏安法	0.5 mg/L	3	1	（1）
		5. 示波极谱法	0.02 mg/L	3	3	GB/T 13896—92
		6. 等离子发射光谱法	0.10 mg/L	3	2	（1）

序号	监测项目	分析方法	最低检出浓度（量）	有效数字最多位数	小数点后最多位数（5）	备注
48	锑	1. 氢化物发生原子吸收法	0.2 mg/L	3	2	（1）
		2. 石墨炉原子吸收法	0.02 mg/L	3	3	
		3. 5—Br—PADAP 光度法	0.050 mg/L	3	3	（1）
		4. 原子荧光法	0.001 mg/L	3	4	
49	铋	1. 氢化物发生原子吸收法	0.2 mg/L	3	2	（1）
		2. 石墨炉原子吸收法	0.02 mg/L	3	3	（1）
		3. 原子荧光法	0.5 μg/L	3	2	（1）
50	硒	1. 原子荧光法	0.5 μg/L	3	1	（1）
		2. 2,3—二氨基萘荧光法	0.25 μg/L	3	2	GB 11902—89
		3. 3,3’—二氨基联苯胺光度法	2.5 μg/L	3	1	（1）
51	锌	1. 火焰原子吸收法	0.02 mg/L	3	3	GB 7475—87
		2. 流动注射—在线富集火焰原子吸收法	4 μg/L	3	0	（1）
		3. 双硫腙分光光度法	0.005 mg/L	3	3	GB 7472—87
		4. 阳极溶出伏安法	0.5 mg/L	3	1	（1）
		5. 示波极谱法	10^{-6} mol/L	3	1	（1）
		6. 等离子发射光谱法	0.01 mg/L	3	3	（1）
52	钾	1. 火焰原子吸收法	0.03 mg/L	3	2	GB 11904—89
		2. 等离子发射光谱法	1.0 mg/L	3	1	（1）
53	钠	1. 火焰原子吸收法	0.010 mg/L	3	3	GB 11904—89
		2. 等离子发射光谱法	0.40 mg/L	3	2	（1）
54	钙	1. 火焰原子吸收法	0.02 mg/L	3	3	GB 11905—89
		2.EDTA 络合滴定法	1.00 mg/L	3	2	GB 7476—87
		3. 等离子发射光谱法	0.01 mg/L	3	3	（1）
55	镁	1. 火焰原子吸收法	0.002 mg/L	3	3	GB 11905—89
		2.EDTA 络合滴定法	1.00 mg/L	3	2	GB 7477—87（Ca，Mg 总量）
56	锡	火焰原子吸收法	2.0 mg/L	3	1	（1）
57	钼	无火焰原子吸收法	0.003 mg/L	3	4	（2）

序号	监测项目	分析方法	最低检出浓度（量）	有效数字最多位数	小数点后最多位数（5）	备注
58	钴	无火焰原子吸收法	0.002 mg/L	3	4	（2）
59	硼	姜黄素分光光度法	0.02 mg/L	3	3	HJ/T 49—1999
60	锑	氢化物原子吸收法	0.002 5 mg/L	3	4	（2）
61	钡	无火焰原子吸收法	0.006 18 mg/L	3	3	（2）
62	钒	1. 钽试剂（BPHA）萃取分光光度法 2. 无火焰原子吸收法	0.018 mg/L 0.007 mg/L	3 3	3 3	GB/T 15503—1995 （2）
63	钛	1. 催化示波极谱法 2. 水杨基荧光酮分光光度法	0.4 μg/L 0.02 mg/L	3 3	1 3	（2） （2）
64	铊	无火焰原子吸收法	4 ng/L	3	0	（2）
65	黄磷	钼-锑-抗分光光度法	0.002 5 mg/L	3	4	（2）
66	挥发性卤代烃	1. 气相色谱法 2. 吹脱捕集气相色谱法 3. GC/MS 法	0.01～0.10 μg/L 0.009～0.08 μg/L 0.03～0.3 μg/L	3 3 3	3 3 3	GB/T 17130—1997 （1） （1）
67	苯系物	1. 气相色谱法 2. 吹脱捕集气相色谱法 3.GC/MS 法	0.005 mg/L 0.002～0.003 μg/L 0.01～0.02 μg/L	3 3 3	3 4 3	GB 11890—89 （1） （1）
68	氯苯类	1. 气相色谱法（1,2—二氯苯、1,4—二氯苯、1,2,4—三氯苯） 2. 气相色谱法 3. GC/MS 法	1～5 μg/L 0.5～5 μg/L 0.02～0.08 μg/L	3 3 3	1 1 3	GB/T 17131—1997 （1） （1）
69	苯胺类	1.*N*—（1—萘基）乙二胺偶氮分光光度法 2. 气相色谱法 3. 高效液相色谱法	0.03 mg/L 0.01 mg/L 0.3～1.3 μg/L	3 3 3	3 3 2	GB 11889—89 （1） （1）
70	丙烯腈和丙烯醛	1. 气相色谱法 2. 吹脱捕集气相色谱法	0.6 mg/L 0.5～0.7 μg/L	3 3	1 1	HJ/T 73—2001 （1）

序号	监测项目	分析方法	最低检出浓度（量）	有效数字最多位数	小数点后最多位数（5）	备注
71	邻苯二甲酸酯（二丁酯，二辛酯）	1. 气相色谱法 2. 高效液相色谱法	0.01 mg/L 0.1～0.2 μg/L	3 3	3 2	HJ/T 72—2001
72	甲醛	1. 乙酰丙酮光度法 2. 变色酸光度法	0.05 mg/L 0.1 mg/L	3 3	2 2	GB 13197—91 （1）
73	苯酚类	1. 气相色谱法	0.03 mg/L	3	3	GB 8972—88
74	硝基苯类	1. 气相色谱法 2. 还原—偶氮光度法（一硝基和二硝基化合物） 3. 氯代十六烷基吡啶光度法（三硝基化合物）	0.2～0.3 μg/L 0.20 mg/L 0.50 mg/L	3 3 3	2 2 2	GB 13194—91 （1） （1）
75	烷基汞	气相色谱法	20 ng/L	3	0	GB 14204—93
76	甲基汞	气相色谱法	0.01 ng/L	3	3	GB/T 17132—1997
77	有机磷农药	1. 气相色谱法（乐果、对硫磷、甲基对硫磷、马拉硫磷、敌敌畏、敌百虫） 2. 气相色谱法（速灭磷、甲拌磷、二嗪农、异稻瘟净、甲基对硫磷、杀螟硫磷、溴硫磷、水胺硫磷、稻丰散、杀扑磷）	0.05～0.5 μg/L 0.000 2～0.005 8 mg/L	3 3	2 5	GB 13192—91 GB/T 14552—93
78	有机氯农药	1. 气相色谱法 2. GC/MS 法	4～200 ng/L 0.5～1.6 ng/L	3 3	0 1	GB 7492—87 （1）
79	苯并[a]芘	1. 乙酰化滤纸层析荧光分光光度法 2. 高效液相色谱法	0.004 μg/L 0.001 μg/L	3 3	3 4	GB 11895—89 GB 13198—91
80	多环芳烃	高效液相色谱法（荧蒽、苯并[*b*]荧蒽、苯并[*k*]荧蒽、苯并[*a*]芘、苯并 [*ghi*] 苝 、茚并（1,2,3-*cd*）芘）	ng/L 级	3	2	GB 13198—91

序号	监测项目	分析方法	最低检出浓度（量）	有效数字最多位数	小数点后最多位数（5）	备注
81	多氯联苯	GC/MS	0.6～1.4 ng/L	3	1	（1）
82	三氯乙醛	3. 气相色谱法 4. 吡唑啉酮光度法	0.3 ng/L 0.02 mg/L	3 3	2 3	（1） （1）
83	可吸附有机卤素（AOX）	1. 微库仑法 2. 离子色谱法	0.05 mg/L 15 μg/L	3 3	2 0	GB 15959—1995 （1）
84	丙烯酰胺	气相色谱法	0.15 μg/L	3	2	（2）
85	一甲基肼	对二甲氨基苯甲醛分光光度法	0.01 mg/L	3	3	GB 14375—93
86	肼	对二甲氨基苯甲醛分光光度法	0.002 mg/L	3	3	GB/T 15507—95
87	偏二甲基肼	氨基亚铁氰化钠分光光度法	0.005 mg/L	3	3	GB 14376—93
88	三乙胺	溴酚蓝分光光度法	0.25 mg/L	3	2	GB 14377—93
89	二乙烯三胺	水杨醛分光光度法	0.2 mg/L	3	2	GB 14378—93
90	黑索今	分光光度法	0.05 mg/L	3	2	GB/T 13900—92
91	二硝基甲苯	示波极谱法	0.05 mg/L	3	2	GB/T 13901—92
92	硝化甘油	示波极谱法	0.02 mg/L	3	3	GB/T 13902—92
93	梯恩梯	1. 分光光度法 2. 亚硫酸钠分光光度法	0.05 mg/L 0.1 mg/L	3 3	2 2	GB/T 13903—92 GB/T 13905—92
94	梯恩梯、黑索今、地恩锑	气相色谱法	0.01～0.10 mg/L	3	3	GB/T 13904—92
95	总硝基化合物	分光光度法	—	3	3	GB 4918—85
96	总硝基化合物	气相色谱法	0.005～0.05 mg/L	3	3	GB 4919—85
97	五氯酚和五氯酚钠	1. 气相色谱法 2. 藏红 T 分光光度法	0.04 μg/L 0.01 mg/L	3 3	2 3	GB 8972—89 GB 9803—88
98	阴离子洗涤剂	1. 电位滴定法 2. 亚甲蓝分光光度法	0.12 mg/L 0.50 mg/L	4 3	2 1	GB 13199—91 GB 7493—87

序号	监测项目	分析方法	最低检出浓度（量）	有效数字最多位数	小数点后最多位数（5）	备注
99	吡啶	气相色谱法	0.031 mg/L	3	3	GB 14672—93
100	微囊藻毒素-LR	高效液相色谱法	0.01 μg/L	3	3	（2）
101	粪大肠菌群	1. 发酵法 2. 滤膜法				（1）
102	细菌总数	1. 培养法				（1）

注：（1）《水和废水监测分析方法（第四版）》，中国环境科学出版社，2002 年。

（2）《生活饮用水卫生规范》，中华人民共和国卫生部，2001 年。

（3）我国尚没有标准方法或达不到检测限的一些监测项目，可采用 ISO、美国 EPA 或日本 JIS 相应的标准方法，但在测定实际水样之前，要进行适用性检验，检验内容包括：检测限、最低检出浓度、精密度、加标回收率等。并在报告数据时作为附件同时上报。

（4）COD、高锰酸盐指数等项目，可使用快速法或现场检测法，但须进行适用性检验。

（5）小数点后最多位数是根据最低检出浓度（量）的单位选定的，如单位改变其相应的小数点后最多位数也随之改变。

附录 6　排污单位自行监测技术指南　火力发电及锅炉

（HJ 820—2017）

前　言

为落实《中华人民共和国环境保护法》《中华人民共和国大气污染防治法》《中华人民共和国水污染防治法》，指导和规范火力发电厂及锅炉自行监测工作，制定本标准。

本标准提出了火力发电厂及锅炉自行监测的一般要求、监测方案制定、信息记录和报告的基本内容和要求。

本标准为首次发布。

本标准由环境保护部环境监测司、科技标准司提出并组织制订。

本标准主要起草单位：中国环境监测总站、江苏省环境监测中心。

本标准环境保护部 2017 年 4 月 25 日批准。

本标准自 2017 年 6 月 1 日起实施。

本标准由环境保护部解释。

1　适用范围

本标准提出了火力发电厂及锅炉自行监测的一般要求、监测方案制定、信息记录和报告的基本内容和要求。

本标准适用于独立火力发电厂和企业自备火力发电机组（厂）的自行监测，以及排污单位对锅炉的监测；不适用于以生活垃圾、危险废物为燃料的火电厂和锅炉。

排污单位可参照本标准在生产运行阶段对其排放的水、气污染物，噪声以及对周边环境质量影响开展监测。

2 规范性引用文件

本标准引用了下列文件或其中的条款。凡是未注明日期的引用文件，其最新版本适用于本标准。

GB 13223 火电厂大气污染物排放标准

GB 13271 锅炉大气污染物排放标准

HJ/T 164 地下水环境监测技术规范

HJ 819 排污单位自行监测技术指南 总则

3 术语和定义

GB 13223、GB 13271 界定的以及下列术语和定义适用于本标准。

3.1 火力发电厂 thermal power plant

燃烧固体、液体、气体燃料的发电厂。

3.2 自备火力发电机组（厂） captive power plant

指企业以满足自身生产、办公以及生活的电力需要为主建设的火力发电机组（厂）。

3.3 锅炉 boiler

是利用燃料燃烧释放的热能或其他热能加热热水或其他工质，以生产规定参数（温度、压力）和品质的蒸汽、热水和其他工质的设备。

4 自行监测的一般要求

排污单位应查清本单位的污染源、污染物指标及潜在的环境影响，制定监测方案，设置和维护监测设施，按照监测方案开展自行监测，做好质量保证和质量控制，记录和保存监测数据，依法向社会公开监测结果。

5 监测方案制定

5.1 废气排放监测

5.1.1 有组织废气排放监测点位、指标和频次

5.1.1.1 监测点位

净烟气与原烟气混合排放的，应在锅炉或燃气轮机（内燃机）排气筒，或烟气汇合后的混合烟道上设置监测点位；净烟气直接排放的，应在净烟气烟道上设置监测点位，有旁路的旁路烟道也应设置监测点位。

5.1.1.2 锅炉或燃气轮机排气筒等监测点位的监测指标及最低监测频次按表 1 执行。

表 1 有组织废气监测指标最低监测频次

燃料类型	锅炉或燃气轮机规模	监测指标	监测频次
燃煤	14 MW 或 20 t/h 及以上	颗粒物、二氧化硫、氮氧化物	自动监测
		汞及其化合物[a]、氨[b]、林格曼黑度	季度
	14 MW 或 20 t/h 以下	颗粒物、二氧化硫、氮氧化物、林格曼黑度、汞及其化合物	月
燃油	14 MW 或 20 t/h 及以上	颗粒物、二氧化硫、氮氧化物	自动监测
		氨[b]、林格曼黑度	季度
	14 MW 或 20 t/h 以下	颗粒物、二氧化硫、氮氧化物、林格曼黑度	月
燃气[c]	14 MW 或 20 t/h 及以上	氮氧化物	自动监测
		颗粒物、二氧化硫、氨[b]、林格曼黑度	季度
燃气[c]	14 MW 或 20 t/h 以下	氮氧化物	月
		颗粒物、二氧化硫、林格曼黑度	年

[a] 煤种改变时，需对汞及其化合物增加监测频次。

[b] 使用液氨等含氨物质作为还原剂，去除烟气中氮氧化物的，可以选测。

[c] 仅限于以净化天然气为燃料的锅炉或燃气轮机组，其他气体燃料的锅炉或燃气轮机组参照以油为燃料的锅炉或燃气轮机组。

注 1：型煤、水煤浆、煤矸石锅炉参照燃煤锅炉；油页岩、石油焦、生物质锅炉或燃气轮机组参照以油为燃料的锅炉或燃气轮机组。

注 2：多种燃料掺烧的锅炉或燃气轮机应执行最严格的监测频次。

注 3：排气筒废气监测应同步监测烟气参数。

5.1.2 无组织废气排放监测点位、指标和频次

无组织排放监测点位设置、监测指标及监测频次按表 2 执行。

表 2 无组织废气监测指标最低监测频次

燃料类型	监测点位	监测指标	监测频次
煤、煤矸石、石油焦、油页岩、生物质	厂界	颗粒物[a]	季度
油	储油罐周边及厂界	非甲烷总烃	季度
所有燃料	氨罐区周边	氨[b]	季度

[a] 未封闭堆场需增加监测频次。周边无敏感点的，可适当降低监测频次。

[b] 适用于使用液氨或氨水作为还原剂的企业。

5.2 废水排放监测

废水排放监测的监测点位、监测指标、监测频次按表 3 执行。

表 3 废水监测指标最低监测频次

锅炉或燃气轮机规模	燃料类型	监测点位	监测指标	监测频次
涉单台 14 MW 或 20 t/h 及以上锅炉或燃气轮机的排污单位	燃煤	企业废水总排放口	pH 值、化学需氧量、氨氮、悬浮物、总磷[a]、石油类、氟化物、硫化物、挥发酚、溶解性总固体（全盐量）、流量	月
		脱硫废水排放口	pH 值、总砷、总铅、总汞、总镉、流量	月
涉单台 14 MW 或 20 t/h 及以上锅炉或燃气轮机的排污单位	燃气	企业废水总排放口	pH 值、化学需氧量、氨氮、悬浮物、总磷[a]、溶解性总固体（全盐量）、流量	季度
	燃油	企业废水总排放口	pH 值、化学需氧量、氨氮、悬浮物、总磷[a]、石油类、硫化物、溶解性总固体（全盐量）、流量	月
		脱硫废水排放口	pH 值、总砷、总铅、总汞、总镉、流量	月
	所有	循环冷却水排放口	pH 值、化学需氧量、总磷、流量	季度
	所有	直流冷却水排放口	水温、流量	日
			总余氯	冬、夏各监测一次

锅炉或燃气轮机规模	燃料类型	监测点位	监测指标	监测频次
仅涉单台14MW或20 t/h以下锅炉的排污单位	所有	企业废水总排放口	pH值、化学需氧量、氨氮、悬浮物、流量	年

[a] 生活污水若不排入总排口，可不测总磷。

注1：除脱硫废水外，废水与其他工业废水混合排放的，参照相关工业行业监测要求执行；脱硫废水不外排的，监测频次可按季度执行。

5.3 厂界环境噪声监测

厂界环境噪声监测点位设置应遵循HJ 819中的原则，主要考虑表4噪声源在厂区内的分布情况。

表4 厂界环境噪声布点应关注的噪声排放源

序号	燃料和热能转化设施类型	噪声排放源	
		主设备	辅助设备
1	燃煤锅炉	发电机、蒸汽轮机	引风机、冷却塔、脱硫塔、给水泵、灰渣泵房、碎煤机房、循环泵房等
2	以气体为燃料的锅炉或燃气轮机组	燃气轮机（内燃机）	冷却塔、压气机等
3	以油为燃料的锅炉或燃气轮机组	汽轮机、发电机	空压机、风机、水泵等

厂界环境噪声每季度至少开展一次昼夜监测，监测指标为等效A声级。周边有敏感点的，应提高监测频次。

5.4 周边环境质量影响监测

5.4.1 环境影响评价文件及其批复及其他环境管理政策有明确要求的，按要求执行。

5.4.2 无明确要求的，燃煤火电厂的灰（渣）场的排污单位，若企业认为有必要的，应按照HJ/T 164规定设置地下水监测点位。监测指标为pH值、化学需氧量、硫化物、氟化物、石油类、总硬度、总汞、总砷、总铅、总镉等，监测频次为每年至少一次。

5.5 其他要求

5.5.1 除表 1～表 3 中的污染物指标外，5.5.1.1 和 5.5.1.2 中的污染物指标也应纳入监测指标范围，并参照表 1～表 3 和 HJ 819 确定监测频次。

5.5.1.1 排污许可证、所执行的污染物排放（控制）标准、环境影响评价文件及其批复、相关管理规定明确要求的污染物指标。

5.5.1.2 排污单位根据生产过程的原辅用料、生产工艺、中间及最终产品类型、监测结果确定实际排放的，在相关有毒有害或优先控制污染物名录中的污染物指标，或其他有毒污染物指标。

5.5.2 各指标的监测频次在满足本标准的基础上，可根据 HJ 819 中的确定原则提高监测频次。

5.5.3 采样方法、监测分析方法、监测质量保证与质量控制等按照 HJ 819 执行。

5.5.4 监测方案的描述、变更按照 HJ 819 执行。

6 信息记录和报告

6.1 信息记录

6.1.1 监测信息记录

手工监测记录和自动监测运维记录按照 HJ 819 执行。

6.1.2 生产和污染治理设施运行状况记录要求

6.1.2.1 生产运行情况

燃煤机组：按照发电机组记录每日的运行小时、用煤量、实际发电量、实际供热量、产灰量、产渣量。

燃气机组：按照燃气机组记录每日的运行小时、用气量、实际发电量、实际供热量。

燃油机组：按照发电机组记录每日的运行小时、用油量、实际发电量、实际供热量。

及时记录锅炉或燃气轮机停机、启动情况。

6.1.2.2 燃料分析结果

燃煤锅炉应每日记录煤质分析，包括收到基灰分、含硫量、挥发分和低位发热量等；燃气锅炉应每日记录天然气成分分析；燃油锅炉应每日记录油品品质分析，包括含硫量等；其他燃料的锅炉应每日记录燃料成分。

6.1.2.3 废气处理设施运行情况

应记录脱硫、脱硝、除尘设备的工艺、投运时间等基本情况。

按日记录脱硫剂使用量、脱硝还原剂使用量、脱硫副产物产生量、粉煤灰产生量等。

记录脱硫、脱硝、除尘设施运行、故障及维护情况、布袋除尘器清灰周期及换袋情况等。

6.1.3 工业固体废物记录要求

记录一般工业固体废物和危险废物的产生量、综合利用量、处置量、贮存量，危险废物还应详细记录其具体去向。

一般工业固体废物包括灰渣、脱硫石膏、袋式（电袋）除尘器产生的破旧布袋等。

危险废物包括催化还原脱硝工艺产生的废烟气脱硝催化剂（钒钛系），其他工艺可能产生的危险废物按照《国家危险废物名录》或国家规定的危险废物鉴别标准和鉴别方法认定。

6.2 信息报告、应急报告、信息公开

按照 HJ 819 执行。

7 其他

本标准规定的内容外，按照 HJ 819 执行。

附录 7 环境噪声自动监测系统技术要求

（HJ 907—2017）

前 言

为贯彻执行《中华人民共和国环境保护法》和《中华人民共和国环境噪声污染防治法》，规范环境噪声自动监测系统的性能，提高声环境监测能力，制定本标准。

本标准规定了环境噪声自动监测系统的技术要求、性能指标和检测方法。

本标准的附录 A 为规范性附录。

本标准为首次发布。

本标准由环境保护部环境监测司和科技标准司组织制订。

本标准起草单位：中国环境监测总站、北京市环境保护监测中心、珠海高凌信息科技股份有限公司。

本标准环境保护部 2017 年 12 月 14 日批准。

本标准自 2018 年 3 月 1 日起实施。

本标准由环境保护部解释。

1 适用范围

本标准规定了环境噪声自动监测系统的技术要求、性能指标和检测方法。

本标准适用于环境噪声自动监测系统的应用选型和检测。

2 规范性引用文件

本标准引用了下列文件或其中的条款。凡是未注明日期的引用文件，其最新版本适用于本标准。

GB 4208　外壳防护等级（IP 代码）

GB/T 3241　电声学　倍频程和分数倍频程滤波器

GB/T 3785.1　电声学　声级计　第 1 部分：规范

GB/T 15173　电声学　声校准器

HJ 660　环境监测信息传输技术规定

3　术语和定义

下列术语和定义适用于本标准。

3.1　环境噪声自动监测系统 automatic monitoring system of environmental noise

基于噪声监测设备、数据通信技术及计算机应用软件，实现噪声自动监测并实时进行环境噪声数据统计分析的系统，一般由一台或多台噪声监测子站及噪声监控系统组成。

3.2　噪声监测子站 noise monitoring sub station

噪声监测子站是环境噪声自动监测系统的户外采样部分，一般分为固定式和移动式两种类型。噪声监测子站包括全天候户外传声器、噪声采集分析单元、通信单元、电源控制单元以及机箱等配套安全防护单元。

全天候户外传声器：指有防风、防雨、防尘、防干扰设计的以适应户外长期连续使用的传声器。

噪声采集分析单元：具有噪声信号采集和数据分析功能，同时可以保存一定量的数据。

通信单元：实现噪声监测子站与噪声监控系统的数据通信。

电源控制单元：提供电力供应，防止外部电源抖动对测量精度的影响，保护噪声监测子站免受外部浪涌攻击。

机箱：全天候防护箱，用于放置噪声采集分析单元、通信单元、电源控制单元等，起到防风、防雨、防盗的作用。

3.3　噪声监控系统 noise monitoring system

环境噪声自动监测系统的数据统计、分析部分，实现对噪声监测子站的运行状态监控、数据的收集、存储、审核、查询、统计及报表生成等功能。

3.4 噪声监测子站本机噪声 ground noise induced by noise monitoring sub station

指噪声监测子站正常工作时自身排放的噪声。

3.5 噪声自动监测原始数据 raw data of noise automatic monitoring

噪声自动监测系统设定的最小测量时段测得的数据，是其他各时段统计和分析的基础数据。

3.6 数据采集率 data acquisition rate

在监测时段内，由于仪器软件及硬件故障等原因，实际采集噪声自动监测原始数据的个数与理论上应采集噪声自动监测原始数据的个数的百分比（以 DAR 表示）：

$$DAR = \frac{n}{N} \times 100\% \tag{1}$$

式中：n——在监测时段内实际采集到的噪声自动监测原始数据的个数；

N——在监测时段内理论上应采集噪声自动监测原始数据的个数。

4 技术要求

4.1 噪声监测子站

4.1.1 外观及结构

4.1.1.1 噪声监测子站计量器具部分应有制造计量器具 CMC 标志（进口产品应取得我国质量技术监督部门的计量器具型式批准证书）和产品铭牌，铭牌上应标有仪器名称、型号、生产单位、出厂编号、制造日期、准确度等级和制造商等。

4.1.1.2 各零部件应连接可靠，表面无明显缺陷，各操作键使用灵活，定位准确。

4.1.1.3 各显示部分的刻度、数字清晰，涂色牢固，不应有影响读数的缺陷。

4.1.1.4 机箱防尘防水性能应符合 GB 4208 中 IP 55 的要求。机箱外壳应耐腐蚀。

4.1.1.5 安装应牢固，根据用户自身地理位置，在一般地区应能经受 10 级风力，在沿海地区应能经受 12 级风力。

4.1.2 环境条件

噪声监测子站在以下环境条件中应能正常工作：

a）环境温度：−30～50℃。如噪声监测子站布设在其他温度环境中，应采取措施保证仪器能正常工作。

b）环境相对湿度：0～100%（不凝结）。

c）环境压力：65～108 kPa。

4.1.3 全天候户外传声器

4.1.3.1 传声器在 250 Hz 的声压灵敏度应大于 30 mV/Pa。

4.1.3.2 传声器指向性响应：应支持 0°和 90°入射。

4.1.3.3 传声器应支持长期户外使用，并具有防风、防雨、防尘、防干扰等功能。

4.1.3.4 传声器风罩在风速 30 m/s 时应不损坏。

4.1.3.5 传声器支架结构应方便传声器安装、拆卸和声校准操作。

4.1.4 噪声采集分析单元

4.1.4.1 应符合 GB/T 3785.1 对 1 级声级计的要求。

4.1.4.2 测量下限不高于 30 dB，测量上限不低于 130 dB。

4.1.4.3 应具有 A、C、Z 频率计权方式。

4.1.4.4 应具有 F、S 时间计权方式。采样时间间隔不大于 1 s。

4.1.4.5 应可扩展倍频程或 1/3 倍频程等实时频谱分析功能，应符合 GB 3241 对 1 级滤波器的要求并可远程设置频谱分析的采样间隔。

4.1.4.6 测量参数应包含瞬时声级 L_P、等效声级 L_{eq}、累积百分声级 L_N（N=5，10，50，90，95）、最大声级 L_{max}、最小声级 L_{min}、标准差 SD 等。

4.1.4.7 应支持远程设置统计分析时间，在自定义时间段内生成 L_{eq}、L_N、L_{max}、L_{min}、SD 及采集率等统计数据，应能够同时生成小时统计和天统计数据（L_d、L_n、L_{dn}）。

4.1.4.8 应具有对超出某一限值的声音的触发录音功能及远程回放功能，触发限值和录音时间可设置。

4.1.4.9 应具有远程自检功能并可任意设定自检频次，示值偏差大于 0.5 dB 时自动提示。

4.1.4.10 应具有自动校时功能。

4.1.4.11 应在子站死机后有自动重启功能。

4.1.4.12 应可扩展其他相关参数采集功能，如视频、风速、风向、气温、相对湿度、大气压、降雨量、经纬度、道路交通车流量等。

4.1.4.13 噪声监测子站原始数据及录音数据存储时间应大于 60 d，并支持通过通用通信接口下载数据。

4.1.4.14 应在通信发生临时故障时不影响数据采集及存储，故障恢复后自动补传延误数据。

4.1.5 通信单元

4.1.5.1 应能实时传输噪声自动监测原始数据和录音数据。

4.1.5.2 数据传输模式、传输流程、传输格式等应满足 HJ 660 的有关规定。

4.1.5.3 应支持无线传输和有线传输两种通信功能。

4.1.6 供电及安全

4.1.6.1 不间断电源应具有充放电保护功能，容量应保证终端正常工作 24 h 以上。

4.1.6.2 供电部分绝缘电阻应大于 20 MΩ。

4.1.6.3 各独立部件应有接地措施。

4.1.6.4 应具有防雷设计。

4.1.6.5 应具有漏电保护装置和防盗报警装置。

4.1.6.6 高温、高压和有害等危险部位应具有警示标识。

4.2 噪声监控系统

4.2.1 噪声监控系统主要功能

噪声监控系统应具有噪声监测子站运行状态监控、数据收集、数据存储、审核、查询、统计及报表生成等功能。

4.2.2 噪声监测子站运行状态监控和数据收集

4.2.2.1 可监控系统中各设备工作状态，支持噪声监测子站电力中断、通信中断、设备故障等异常报警，并生成故障统计报告。

4.2.2.2 支持对噪声监测子站进行远程参数设置。

4.2.2.3 支持每天生成噪声监测子站状态记录和自检报告。

4.2.2.4 支持定时自动收集各噪声监测子站的监测数据。

4.2.2.5 支持设备故障恢复后手动收集延误数据。

4.2.3 数据存储及审核

4.2.3.1 应至少每季度自动进行一次原始监测数据完全备份，每周自动进行一次增量备份。

4.2.3.2 原始监测数据应至少保存 5 年并自动备份，删除时应反复确认并有详细记录。

4.2.3.3 可存储和播放采用事件触发方式记录的现场录音。

4.2.3.4 对各时段噪声监测数据应能设置异常值判断条件（如不满足数据采集率规定的数据、不符合相关规范气象条件的数据、子站监测设备故障产生的随机值等），支持对异常数据自动标记和提示，支持对数据进行人工审核。

4.2.3.5 不得修改或删除数据库中的噪声自动监测原始数据。

4.2.4 数据统计查询及报表生成

4.2.4.1 支持根据噪声自动监测原始数据统计，计算用户所需各种时段、各种统计周期的不同评价数据（包括 L_{eq}、L_d、L_n、L_{dn}、L_N、L_{max}、L_{min}、SD、采集率等噪声采集数据及气象参数、道路交通信息等可扩展的数据）。

4.2.4.2 支持对触发噪声数据、异常数据和维护记录等进行分类统计。

4.2.4.3 支持在地图上以图、表等方式实时显示各噪声监测子站监测数据。

4.2.4.4 数据统计报告应具备人工抽样数据重算功能。

4.2.4.5 支持用户自定义统计周期及报表报告模板，数据报表报告应支持表和图形等方式。

4.2.4.6 应支持导出 Excel、Word、PDF 等通用文件格式。

4.2.5 软件接口

应支持噪声监控系统数据接口的开放，可实现数据的交换和共享。

4.3 仪器操作说明书要求

仪器的操作说明书应至少包括以下内容：仪器原理、仪器构造图、现场安装方法、仪器操作方法、部件标识及注意事项、有害物品危险警告标识、常见故障处理及日常维护说明等。

4.4 噪声监测子站性能指标及适用性检测方法

噪声监测子站性能指标及适用性检测方法见附录 A。

附 录 A
（规范性附录）
噪声监测子站性能指标及适用性检测方法

本附录规定了噪声监测子站的性能指标及检测方法。

A.1 性能指标

A.1.1 数据采集率

在室外连续运行至少 30 d，数据采集率（DAR）应大于 95%。

A.1.2 噪声监测子站本机噪声

噪声监测子站正常工作时，在全消声室或半消声室中距离机箱边缘 0.5 m 处测得的等效 A 声级应小于 30 dB。

A.1.3 温度稳定性

在 A.1.4 条规定的相对湿度范围内，噪声监测子站在−30～50℃的温度范围内工作时，在任何气温上显示的声级偏离 23℃参考气温时显示的声级差值加上 0.3 dB 的测量不确定度后不应超过±0.8 dB。

A.1.4 相对湿度稳定性

在 A.1.3 条规定的温度范围内，噪声监测子站在 0～100%的相对湿度范围内工作时，在任何相对湿度上显示的声级偏离 50%参考相对湿度显示的声级差值，再加上 0.3 dB 的测量扩展不确定度后不应超过±0.8 dB。

A.1.5 传声器风罩防风能力

在风速为 10 m/s 时，传声器风罩防风能力应至少衰减 30 dB。

A.2 适用性检测方法

A.2.1 检测条件

A.2.1.1 主要配套设备

A.2.1.1.1 标准声源发生装置

标准声源发生装置的准确度等级应符合 GB/T 15173 中规定的 LS 级或 1 级。

A.2.1.1.2 气压计

在检测环境条件内，气压计的最大允差应优于±0.2 kPa。

A.2.1.1.3 温度计

在检测环境条件内，温度计的最大允差应优于±0.2℃。

A.2.1.1.4 湿度计

在检测环境条件内，湿度计的最大允差应优于±4%。

A.2.1.2 检测环境条件

A.2.1.2.1 温度：20～26℃。

A.2.1.2.2 相对湿度：30%～90%。

A.2.1.2.3 气压：97～103 kPa。当检测实验室所处位置的气压不能满足上述要求时，须提供修正方法。

A.2.1.3 参考环境条件

A.2.1.3.1 温度：23℃。

A.2.1.3.2 相对湿度：50%。

A.2.1.3.3 气压：101.325 kPa。

A.2.2 数据采集率

A.2.2.1 检测期间不得进行任何形式的仪器维护。

A.2.2.2 噪声自动监测系统连续工作至少 30 d 后，计算数据采集率，判定是否达到要求。

A.2.2.3 若初次检测不合格，允许进行 1 次仪器维护。

A.2.2.4 初次检测不合格的仪器，再次检测时，连续工作时间不少于 50 d。计算数据采集率，若仍达不到要求，则判定为不合格。

A.2.3 噪声监测子站本机噪声

A.2.3.1 将噪声监测子站放置到全消声室或半消声室中，在距离噪声监测子站机箱边缘 0.5 m 处，前、后、左、右和上方共布设 5 个测试点位，在噪声监测子站正常工作状态下进行测量，每次读取 1 min 的等效声级值，取 5 个测点检测值的最大值进行评价。

A.2.3.2 按照 A.2.3.1 重复检测 3 次。

A.2.3.3 取 3 次检测结果的最大值进行判定。

A.2.4 温度稳定性

A.2.4.1 将噪声监测子站和规定的标准声源发生装置放置在环境试验箱中。环境试验箱的相对湿度应是参考相对湿度，大气压应是参考大气压。环境试验箱内温度改变的每一时刻应对相对湿度和大气压监控，以保证维持在规定的允差内，实际相对湿度应在规定相对湿度的±9%以内，静压力变化的绝对差值应不超过 6.2 kPa。

A.2.4.2 检测期间不得进行任何形式的仪器维护。

A.2.4.3 当试验条件确定后，应避免环境试验箱内的大气温度迅速改变。当环境试验箱内的温度开始改变时，应注意避免产生凝结。

A.2.4.4 噪声监测子站和标准声源发生装置在参考温度环境条件下实施至少 12 h 的环境适应。在环境适应性期间，标准声源发生装置和噪声监测子站上的传声器不应耦合，并关闭电源。在环境适应性周期完成以后，标准声源发生装置和噪声监测子站上的传声器应耦合并打开电源。读取噪声监控系统记录的声级。

A.2.4.5 参考温度环境条件下的测试结束后，依次在−30℃（最低温度）、0℃、30℃、50℃（最高温度）等四个温度环境条件下进行测试。每个温度条件下至少适应 7 h 后再将标准声源发生装置和噪声监测子站上的传声器耦合并打开电源。分别读取噪声监控系统记录的声级。

A.2.4.6 计算标准声源发生装置在试验环境条件下与在参考环境条件下产生的声压级之间的所有差值，单独评价。

A.2.5 相对湿度稳定性

A.2.5.1 将噪声监测子站和规定的标准声源发生装置放置在环境试验箱中。环境试验箱的温度应是参考相对湿度，大气压应是参考大气压。环境试验箱内温度改变的每一时刻应对温度和大气压监控，以保证维持在规定的允差内，实际温度应在规定温度的±1.3℃以内，静压力变化的绝对差值应不超过 6.2 kPa。

A.2.5.2 检测期间不得进行任何形式的仪器维护。

A.2.5.3 噪声监测子站和标准声源发生装置在参考相对湿度环境条件下实施至少 12 h 的环境适应。在环境适应性期间，标准声源发生装置和噪声监测子站上的传声器不应耦合，并关闭电源。在环境适应性周期完成以后，标准声源发生装置和噪声监测子站上的传声器应耦合并打开电源。读取噪声监控系统记录的声级。

A.2.5.4 参考相对湿度环境条件下的测试结束后，依次在 0（最小相对湿度）、70%、100%（最大相对湿度）等三个相对湿度环境条件下进行测试。每个相对湿度条件下至少适应 7 h 后再将标准声源发生装置和噪声监测子站上的传声器耦合并打开电源。分别读取噪声监控系统记录的声级。

A.2.5.5 计算标准声源发生装置在试验环境条件下与在参考环境条件下产生的声压级之间的所有差值，单独评价。

A.2.6 传声器风罩防风能力

A.2.6.1 将噪声监测子站放置于风洞中，设定风速为 10 m/s，风速稳定后开始检测。

A.2.6.2 传声器未安装风罩时，读取 1 min 的等效声级值。传声器安装风罩时，读取 1 min 的等效声级值。计算未安装风罩与安装风罩时的声级差。

A.2.6.3 按照 A.2.6.2 重复检测 3 次。

A.2.6.4 取 3 次检测结果的最小值进行判定。